BIAD 建筑设计标准丛书

BIAD 设计文件编制深度规定

（第二版）

北京市建筑设计研究院有限公司　编著

中国建筑工业出版社

图书在版编目(CIP)数据

BIAD设计文件编制深度规定/北京市建筑设计研究院有限公司编著. —2版. —北京：中国建筑工业出版社，2016. 12
（BIAD建筑设计标准丛书）
ISBN 978-7-112-20150-1

Ⅰ. ①B… Ⅱ. ①北… Ⅲ. ①建筑设计-标准-中国 Ⅳ. ①TU203

中国版本图书馆CIP数据核字（2016）第284415号

本书为北京市建筑设计研究院有限公司（BIAD）为规范建筑设计文件编制深度而制定的设计产品标准，是企业内部质量标准之一。分为总则和建筑、结构、设备、电气、经济五个专业篇，从投标方案设计、方案设计、初步设计到施工图设计的全过程，对设计文件的说明、图纸、专业配合等作出详细的深度规定。

内容翔实、条目全面、表述详细、方便实用，先在专业划分的基础上再进行阶段划分的体例为其特色，方便使用。内容适用于各类民用建筑的设计项目，工业建筑可参照采用。本书可作为建筑、结构、给水排水、暖通、电气、经济各专业建筑（工程）师的设计参考，也可供大专院校上述各专业设计课程参考使用。

责任编辑：赵梦梅　刘婷婷
责任校对：王宇枢　党　蕾

BIAD建筑设计标准丛书
BIAD设计文件编制深度规定
（第二版）
北京市建筑设计研究院有限公司　编著

*

中国建筑工业出版社出版、发行（北京海淀三里河路9号）
各地新华书店、建筑书店经销
北京佳捷真科技发展有限公司制版
北京云浩印刷有限责任公司印刷

*

开本：787×1092毫米　1/16　印张：11　字数：273千字
2017年2月第二版　2017年6月第五次印刷
定价：**50.00**元
ISBN 978-7-112-20150-1
（29655）

“BIAD建筑设计标准丛书”编制委员会

主任委员：邵韦平

委　　员：朱小地　徐全胜　张　青　张　宇　郑　实　陈彬磊
　　　　　徐宏庆　孙成群

《BIAD设计文件编制深度规定》（2010年版）编审成员

编写负责人：卜一秋　郑　实

编写组成员：总　　则　卜一秋
　　　　　　建筑专业　郑　实
　　　　　　结构专业　薛慧立
　　　　　　设备专业　孙敏生　郑小梅
　　　　　　电气专业　石萍萍　杨维迅
　　　　　　经济专业　沙椿健

审查组成员：邵韦平　齐五辉　徐宏庆　洪元颐　孙成群

《BIAD设计文件编制深度规定》（第二版）编审成员

修编负责人：郑　实

修　编　人：柳　澎（总则、建筑）　龙亦兵、李文峰（结构）
　　　　　　刘　芊（设备）　孔　嵩（电气）　沙椿健（经济）

审　查　人：郑　实　陈彬磊　沈　莉　苗启松　徐宏庆　曾令文
　　　　　　孙成群　梅雪皎

总　序

北京市建筑设计研究院有限公司（Beijing Institute of Architectural Design，简称 BIAD）是国内著名的大型建筑设计机构，自 1949 年成立以来，已经走过 60 余年的辉煌历史。它以“建筑服务社会”为核心理念，实施 BIAD 品牌战略，以建设中国卓越的建筑设计企业为目标，以“为顾客提供高完成度的建筑设计产品”为质量方针，多年来设计科研成绩卓著，为城市建设发展和对建筑设计领域的技术进步做出了突出的成绩，同时，BIAD 也一直通过出版专业技术书籍、图集等的形式为建筑创作、设计技术的推广和普及做出了贡献。

一个优秀的企业，拥有系列成熟的技术质量标准是必不可少的条件。近年来，BIAD 已先后制订实施并不断改进了管理标准——《BIAD 质量管理体系文件》、技术标准——《BIAD（各）专业技术措施》、制图标准——《BIAD 制图标准》、产品标准——《BIAD 设计文件编制深度规定》，其设计标准体系已基本形成较完整的框架，并在继续丰富和完善。

这次推出的“BIAD 建筑设计标准丛书”是北京市建筑设计研究院有限公司发挥民用建筑设计行业领先作用和品牌影响力，以“开放、合作、创新、共赢”为宗旨，将经过多年积累的企业内部的建筑设计技术成果和管理经验贡献出来，通过系统整理出版，使高完成度设计产品的理念和实践经验得到更广泛的传播和利用，延伸扩大其价值，服务于社会，提高国内建筑行业的设计水平和设计质量。

“BIAD 建筑设计标准丛书”包括了北京市建筑设计研究院有限公司的技术标准、设计范例等广泛的内容，具有内容先进、体例严谨、实用方便的特点。使用对象主要面对国内建筑设计单位的建筑（工程）师，也可作为教学、科研参考。这套丛书又是开放性的，一方面各系列在陆续出版，另一方面将根据需要进行修编，不断完善。

北京市建筑设计研究院有限公司

前言（第二版）

本版是在《BIAD 设计文件编制深度规定》（2010 年版）的基础上进行修订的。近年来，一批新技术标准陆续颁布，关于绿色建筑等发展主导政策更加突出，住房与城乡建设部《建筑工程设计文件编制深度规定》也已经修编并出版。基此，BIAD 对上一版进行了有针对性的局部修订工作。

主要修订内容包括：调整相关术语、删除与民用建筑无关的条款，根据《BIAD 质量管理体系文件》对部分技术内容做了必要细化，补充绿色、节能等方面的深度要求；修改建筑面积计算、图纸比例及部分建筑详图的规定；增加消能减震隔震的内容，补充高层建筑抗震超限审查相关内容的独立章节；给排水、暖通专业重点细化了初步设计、施工图设计说明；调整智能化和电气消防系统的规定；补充完善建筑、给排水、暖通及电气专业设计计算书的规定；全面修订初步设计概算的规定，部分修订对估算、预算的规定。由于装配式建筑的专业性强，相关的专项设计深度标准也即将推出，所以本版未纳入其内容。

北京市建筑设计研究院有限公司
《BIAD 设计文件编制深度规定》修编组
2016 年 11 月

前言（第一版）

本书是北京市建筑设计研究院（BIAD）为规范建筑设计文件编制深度而制定的设计产品标准，是企业内部质量标准之一。该规定是在住房与城乡建设部《建筑工程设计文件编制深度规定》的基础上，根据 BIAD 多年的设计实践经验和企业自身对设计产品高完成度标准的要求全新编写而成。全书划分为总则及建筑、结构、设备、电气、经济五个专业篇。总则规定了目的与适用范围，设计各阶段、各专业的划分以及合作设计、技术配合等特殊要求；五个专业篇分别从投标方案设计、方案设计、初步设计到施工图设计的全过程，对设计文件的文字说明、图纸、专业配合等做出详细的深度规定。

本书原为北京市建筑设计研究院的内部规定文件，此次为首度公开出版，仅做了少量的必要修订。具有内容翔实、条目全面、表述详细、方便实用的突出特点，解决了很多长期有争议的表达深度问题，尤其是其先在各专业划分的基础上再进行阶段划分的体例特色，非常方便设计人使用。内容适用于国内各类民用建筑的设计项目，工业建筑等可参照采用。本书可作为建筑、结构、给水排水、暖通、电气、经济各专业建筑（工程）师的设计参考，也可供大专院校上述各专业设计课程参考使用。

欢迎使用者对编制内容存在的问题提出意见和建议，以便今后不断修订和完善。

联系地址：北京市建筑设计研究院科技质量部　邮编：100045

电子邮箱：tech@ biad. com. cn

《BIAD 设计文件编制深度规定》（2010 年版）编制组

2010 年 4 月

编制与使用说明

1. 本规定是依据《BIAD 质量管理体系文件——设计过程作业指导书》对设计项目的阶段划分，在住建部《建设工程设计文件编制深度规定》的基础上，增加了对投标方案设计的深度要求，完成了对设计项目全过程各阶段的设计深度控制要求。

2. 本规定体现了 BIAD 对设计产品的高完成度要求，增加了对专业间协调配合的详细要求，以及与专项深化设计之间的技术配合的接口要求。

3. 本规定在基于设计项目的共性的同时充分考虑到设计项目的个性和差异性，力求使每类项目的设计人员在执行本规定时能够找到明确的依据。

4. 本规定是在 BIAD 专业划分的框架下，在每个专业目录下分别按设计阶段对设计深度进行描述。各专业设计人员在熟悉本专业不同阶段设计深度的同时，应充分关注相关专业的要求，以提供足够的专业设计资料，形成密切的配合关系。

5. 本规定暂不涉及控制性和修建性详细规划、景观设计、室内设计以及有特殊工艺性功能要求的建筑类型如体育、观演、医疗等的详细要求。

总　目　录

建筑专业篇

结构专业篇

设备专业篇

电气专业篇

经济专业篇

总　　则

1　目的与范围

1.0.1　本规定是 BIAD（即北京市建筑设计研究院有限公司，以下同）的产品标准之一，用于控制 BIAD 投标设计文件和工程设计文件的编制深度，保证设计文件编制的完整性和规范化。

1.0.2　本规定适用于各类民用建筑设计的新建、扩建、改建项目，工业建筑和其他工程设计可参照执行。本规定覆盖从投标方案设计、方案设计、初步设计和施工图设计全过程。

1.0.3　本规定适用于中国各地区（除港澳台外）。当不同地区有特殊要求时，项目设计深度除执行本规定外，还应满足地方性要求。

1.0.4　一般设计项目应严格按本规定执行。特别重要或有特殊质量要求的项目（如涉外工程设计项目）除执行本规定外，还应同时满足其他特殊要求。

2　一般要求

2.1　原　　则

2.1.1　本规定将设计项目划分为投标方案设计、方案设计、初步设计和施工图设计四个设计阶段。每阶段输出的设计文件深度和完成度，应满足下一阶段设计文件输入的要求。

2.1.2　本规定包括建筑、结构、设备（含给水排水和暖通空调专业）、电气和经济专业。

2.1.3　每阶段设计文件应遵守统一的封面、首页、扉页、目录的样式要求，且应按《BIAD 质量管理体系文件》的规定签署完备。封面、首页、扉页、目录样式见 BIAD 设计模版。设计模版的使用、文件格式和图纸编排应符合《BIAD 制图标准》。

2.1.4　设计中若采用新技术、新材料时须重点说明。当其采用新技术对建筑工程的经济、安全、环境保护、节能等方面影响重大时，应由政府主管部门组织专家进行专项评估或论证，只有通过专项评估或论证认可后方可批准执行。

2.1.5　设计采用的标准、规范、规程均应为已实施的最新版本，对于有局部修订的部分应列出版本号（修订日期）。

2.1.6　在中国各地区建设的工程项目（不含港澳台地区），如采用国际标准，应事先报住房和城乡建设部主管部门批准备案。

【说明】采用国际标准需要备案的范围一般指本设计项目主要的设计依据标准，对于局部、次要的部分，当不涉及安全、环境保护、节能等重要方面时，可例外。

2.1.7　设计应正确选用国家、行业和地方建筑标准设计，并在施工图设计说明中注明所应用图集的名称，在设计图纸中注明选用的图集索引（页号和详图编号）。

【说明】无论是利用标准图集还是重复利用其他工程的图纸时，应详细了解原图可利用的条件和内容，并做必要的核算和修改，以满足新设计项目的需要。

图纸目录应按图纸序号排列，先列出新绘制图纸，后列出选用的重复利用图和标准图。当分批出图时，每批出图均应更新图纸目录。更改图纸应注明版本号。

各阶段设计过程中，各专业应密切配合，及时互提设计资料，资料的设计深度应满足其他专业的作业要求，应在已充分考虑到设计周期、工作量的前提下随时使资料版本保持更新状态；为方便对方，提高效率，减少误差，宜对更新的部分做出必要的标识或说明。

2.1.8 在施工图设计阶段，本专业的设计内容，应首先在本专业设计图纸中表示，不应仅表示在其他专业设计图纸中。

【说明】传统的绘制习惯中，有将本专业的设计内容完全表示在其他专业图纸中的做法，例如将楼梯梯板、构造柱或过梁的结构配筋表示在建筑专业的楼梯、外墙详图中。其缺点是造成体系不完整、设计责任人不清。

2.1.9 与境外合作设计项目和涉外工程项目，必要时可编写制图说明，说明各类中文和外文简写的对照、各种称谓字母和编号原则等。

2.1.10 对于改造项目，应在设计说明中明确设计范围，在设计图纸中改造范围内的设计内容的表达应明显区别于非改造范围。改造范围内的设计深度应与一般设计项目的设计深度和设计表达相同。

【说明】改造项目，设计内容和设计范围无论与新建项目相比还是不同项目之间相比，可能都会有很大的不同，难以做出统一规定。除本设计深度已有明确规定的条文外，其他部分深度要求应根据实际情况，进行设计内容的增删。

2.2 投标方案设计

2.2.1 编制目的

1 以招标书为依据，通过投标、竞赛，为建设方提供最佳方案，争取获得设计权。

2 投标方案设计应解决一般性功能问题，如：城市及周边规划、交通、绿化及建筑物使用功能等，并应满足必要的文化及美学方面的要求。

3 为建设方投资、立项、可行性研究提供决策依据的方案前期咨询设计、概念性方案设计，可按合同协议或招投标书规定的内容确定设计深度，不属于本章包括的范围。

2.2.2 编制要求

1 招投标方案设计文件应以招标人提供的设计资料为依据，简练概括地表达设计项目的内容，包括设计依据、设计理念、设计内容、设计标准、经济技术指标、新技术和新材料的应用以及设计效果展示。

2 投标方案设计文件应包含设计说明、功能分析图、总平面图、平立剖面图、效果图、模型等，必要时可提交视频文件。建筑专业以外的其他专业应以文字说明形式阐述设计意图，当文字不足以充分表达时，可辅以简图。

3 该阶段的设计深度除符合本规定外，还应符合国家有关工程建设的相关法规、政策、规范和标准，严格执行工程建设强制性规范标准和条文，满足当地政府主管部门提出的要求，满足具体项目招投标书中的其他规定。

4 设计文本的形式可以是文字图形分别表达，也可以将图文结合表达。

5　除分析图和附以比例尺的文本图外，图形文件和建筑模型均应按比例绘制或制作。

6　本规定不对方案的演示文件（包括图片和视频）作要求。

【说明】建筑方案设计按设计性质和设计深度的不同一般可分为三个阶段，即方案前期咨询设计或称概念性方案设计阶段、方案投标设计阶段、方案设计或方案深化设计阶段。在方案前期咨询设计或称概念性方案设计阶段，一般是以直接委托的形式进行的，也有不少项目以概念方案招标的形式出现（目前设计市场通行的不同招标阶段深度，一般可分为概念方案招标和建筑方案招标两类。两者的区别，招标人通常会在招标公告或投标邀请书中明示）。由于概念性方案阶段的设计目的、设计依据、成果要求差别较大，难以做出统一要求，因此本深度规定只涉及后两个阶段。

即使在投标方案设计阶段是否制定设计深度标准也常莫衷一是，有观点认为既然是投标，只要满足设计招标书要求即可，不必也难以制定统一的标准。BIAD 认为，即使是投标方案设计具有多变特点和诸多不定因素，但整个的设计过程仍应在理性的思考下进行，设计应考虑和解决的问题是全方位的，而非仅仅是局部的“亮点”。在这样的指导思想的前提下，投标方案设计阶段显然是应该有设计深度规定的。

在方案投标设计阶段，重点是要进行多方案比较，主要是体现设计理念和创意，如果深度规定制定得过深，显然必要性不足，而且会带来成本、设计周期的增加；反之，与方案前期等不同的是，方案投标设计要进行较深入准确的方案比较，体现实施的可能性，如果深度规定制定得过浅，也不能满足招标方多方案“优选”的目的。

第 4 款中规定可以将图文结合表达。在初步设计、施工图阶段中，说明与图纸一般是分别表示的，但在方案阶段中，为了更直观快速地表达设计意图，经常采用图文并茂的形式，但为了清晰起见，深度标准仍将文字和图纸内容分别予以规定。

2.3　方案设计

2.3.1　编制目的

1　在获得项目设计权后，通过对方案的调整与深化设计，满足对政府行政主管部门的正式规划申报要求。

2　方案设计是对投标方案设计的优化和细化，是对其可实施性的深入研究，为下一阶段初步设计工作做好准备。

3　在合作设计方式的过程中，对于外方提供的设计方案进行调整与深化设计，以满足中国及当地的法规、标准和规划报审要求。

【说明】本阶段包括了两种情景：方案设计阶段，是指不需投标，建设方已直接委托设计；方案深化设计阶段，是指在上一方案投标阶段已经确立了设计中标单位，现阶段的设计主要目的是注重可实施性，调整修改细化主要内容，为下一步的初步设计阶段进行准备。

合作设计方式在近年来比较普遍，合作方可能是外国设计公司，也可能是国内的其他设计单位，无论属何方，本章节规定的合作设计情景均为上一阶段由外部设计公司完成，BIAD 负责后期规划申报或深化设计阶段的工作。

2.3.2　编制要求

1　方案深化设计文件应在已中标方案（或已确定的方案）的基础上，更准确地表达设计项目的内容，包括设计依据、设计理念、设计内容、设计标准、经济技术指标、新技术和新材料的应用以及设计效果展示。

2 通过与其他专业进行配合，初步确定结构布置和机电系统方案。

3 本阶段设计文件深度应满足当地政府有关主管部门提出的要求，满足建设方和其他相关方的评估和审批的要求，满足编制工程造价匡算或估算的需要。该阶段的设计深度应能以协助建设方确定主要的建设标准和选材。

4 该阶段的设计深度除符合本标准规定外，还应满足对政府行政主管部门的规划申报要求，满足编制工程造价匡算或估算的需要。

5 本阶段输出设计文件应包含设计说明、功能分析图、总平面图、平立剖面图、效果图、模型等。此外，建筑专业以外的其他专业应以文字说明形式阐述设计内容，当文字不足以充分表达时，可辅以图纸。

6 设计文本的形式可以是文字图形分别表达也可以将图文结合表达。

7 除分析图和附以比例尺的文本图外，图形文件和建筑模型均应按比例绘制或制作。

2.4 初步设计

2.4.1 编制目的

1 初步设计是对各专业设计方案或重大技术问题的解决方案进行综合技术分析，论证技术上的适用性、可靠性和经济上的合理性。

2 初步设计文件，应满足建设方和有关行政主管部门审查批准的要求，应满足编制设计概算文件的需要，应满足编制施工图设计文件的需要。

2.4.2 编制要求

初步设计文件应在已批准的方案设计文件基础上，更进一步详细和量化地表达设计项目的内容。

1 初步设计阶段输出设计文件的内容要求

输出设计文件包括设计说明、设计图纸、主要设备表、计算书、设计概算书等。

2 初步设计阶段输出设计文件的编排要求

1）设计说明

初步设计说明由各专业分别编写并统一汇总，合并编制成一册。建筑概况、总体设计范围与分工由建筑专业统一编写。设计依据（设计任务书等）由建筑专业统一编写，其他专业掌握的资料应提供给建筑专业汇总。室外管线、防火、人防、节能、环保等由各相关专业分别撰写后交建筑专业列入专篇。

各专业的编写内容按各专业规定自行编制，但目录、章节格式、次序、字体、字号应按BIAD规定的统一格式制作。

2）设计图纸

由首页、各专业图纸目录及设计图纸组成，一般应按建筑、结构、设备（给水排水、暖通空调·动力）、电气专业顺序编排。

【说明】报审到各政府有关部门的初步设计文件，可以是全部（如报送消防局），也可以是部分（如报人防、园林绿化、交通等部门）。设计人应相应进行必要的整理，以保证所需信息传达的完整性。

2.5　施工图设计

2.5.1　编制目的

施工图设计是根据批准的初步设计，编制出完整、准确和详细的用于指导施工的设计文件。施工图设计文件应满足建设单位和有关行政主管部门审查批准的要求，应满足材料设备采购、非标准设备制作和施工的需要，应满足编制施工图设计预算文件的需要，应可以作为工程竣工验收的依据。

2.5.2　编制要求

施工图设计文件应在被批准的初步设计文件基础上（当无初步设计阶段时，可以被批准的方案为基础），详细、量化、准确地表达设计项目的内容。对于将项目中的部分设计及内容分包给其他设计方或实施技术配合的情况，设计文件接口的深度应当满足分承包方设计和技术配合的需要。

1　施工图设计阶段输出设计文件的内容要求

输出设计文件应包含各专业设计说明、设计图纸（包括图纸目录）、主要设备表和计算书。

2　施工图设计阶段输出设计文件的编排要求

1）设计说明

施工图设计说明一般由各专业单独编目成册。各专业自行编制，但目录、章节格式、字体、字号应按 BIAD 规定的统一格式制作。

在某种情形下，施工图设计说明也可部分地编制在图纸中。

【说明】编制在图纸中的施工图说明通常是根据工程项目当地规划管理部门要求确定的。这时，建议在图纸中只列出必须的部分，全部内容仍可以文本的形式单独成册。

2）设计图纸

由首页、各专业图纸目录及设计图纸组成，一般各专业单独编目成册。

【说明】在北京地区需要领取建设工程规划许可证的工程，其报审文件，至少应包括首页、目录、总平面图（含经济技术指标）、平面图、立面图、剖面图、结构基础图。人防报审应为人防的全部设计文件。

3　特殊情况处理

3.1　关于合作设计

合作设计指双方以设计阶段或设计内容为依据进行设计责任划分，共同进行项目设计的情况。合作设计的明显特征是以双方约定的联合图签的方式出图。合作方包括境内外设计单位。

对于合作方完成的各阶段设计文件（如投标方案设计、方案设计、初步设计），BIAD 应对其进行评审，要求其符合 BIAD 设计深度规定，并达到满足各阶段当地政府行政主管部门的审批要求。

对于由合作方完成施工图设计的项目，为了达到对建筑产品最终效果的控制，BIAD

完成的初步设计深度应适当提高。

3.2 关于设计中的技术配合

设计中的技术配合一般指由具备相应设计资质的其他专业设计单位或承包商进行工程主体设计之外的专业或专项设计的部分。BIAD 对对方设计产品除按规定进行总体控制、技术要求、接口验证和设计确认外，应以文件形式提供相应设计阶段的设计基础资料，以满足对方的设计需求，并同时确定各方设计责任。施工图完成的深度应达到与配合设计方顺利衔接。当对方不具备相应设计资质，需以 BIAD 名义出图时，BIAD 方面除完成上述工作外，还应对对方的设计图纸、计算资料进行审查。此种情况下，全部设计文件视同 BIAD 输出设计文件。

3.3 关于工程设计中部分内容后补设计的要求

某些设计项目由于特殊原因以及需要进行技术配合的专业或专项设计单位的技术要求在 BIAD 承诺的设计周期之内不能明确，使得 BIAD 的施工图设计某部分不能达到要求的设计深度时，相关部分的设计内容可留待设计要求明确后进行后补设计。

后补设计文件的设计深度要求仍等同于本规定的要求。

后补设计的内容及原因等情况应在总说明和各专业说明中详细阐述。图纸目录中应包括后补设计的内容并注明“此部分设计内容后补”。应协调好后补设计部分与设计主体的关系，不应影响主体部分的功能、设计安全和施工进度。应尽可能在施工前完成后补部分的设计工作。

建筑专业篇

建筑专业篇

目录

1 投标方案设计

1.1 一 般 规 定

1.1.1 编制成果要求

投标方案设计文件应包括设计说明、主要技术经济指标、图纸、效果图或模型以及其他手段的设计效果展示等。

1.1.2 编制内容要求

1 设计内容包括设计依据、设计理念、设计内容、设计标准、经济技术指标、新技术新材料应用。

2 其深度应符合设计招标文件的各项要求，并满足相关各专业编制设计文件所需资料的要求。

【说明】在投标方案设计阶段中，建筑专业提供的设计成果一般会占据很大的比例，其他专业一般仅需提供设计说明。但为使专业的说明针对性强，有的放矢，建筑专业应提供足够深度的设计文件，以便各专业初步确定结构形式、机电系统、建设标准等。

1.2 投标方案设计说明

1.2.1 设计项目概况

一般包括设计项目名称、建设地点、建设方名称、建设规模与性质（如××间旅馆、××床医院等）、建筑主要功能、总用地面积、建筑面积、建筑特征、总投资控制、分期建设情况等工程概况简介等。

1.2.2 设计依据和设计要求

1 主要依据性文件的名称、文号、日期，如：政府有关部门或上级主管部门的立项批文、城市控制性详细规划、可行性研究报告、规划设计条件、设计任务书或招标书、地形图、用地红线图、环境评估报告等。

2 设计执行的主要法规和技术标准，一般不需要详细列出名称。若采用国外法规标准应注明，具体要求见总则第 2.1.6 条。

3 区域位置、气象、地形地貌、水文地质、抗震设防标准、设计基础资料等。

4 简述招标人和政府有关部门对本项目的设计要求：如：总平面布置，建筑高度控制，造型及材料要求，需保护的建筑、水体、树木等。

5 设计内容和范围；合作设计的分工。

6 工程规模（如总建筑面积、总投资、使用人数等）。

1.2.3 建筑构思说明

简述设计理念，包括设计指导思想、地域特征与环境分析、建设方的情况、设计构思的产生逻辑及演变过程、社会效益、经济效益、可持续发展的思想等。

1.2.4 总平面设计说明

1 场地现状和周边环境

概述场地现状特点和周边城市环境或自然环境情况。

2 建筑总体布局

方案总体布局的构思意图和特点，与周边环境的关系，城市设计的考虑，社会性与经济性的考虑，日照与通风设计。

宜进行多方案比较，进行总图布局的推导分析，以选择最佳的布局方式。宜建立场地及周边的三维数字模型或环境模型研究场地的空间关系。

3 分期建设

若项目分期建设，说明分期划分的情况及理由。

4 原有建筑与生态的利用

建设基地内原有建筑的利用和保护，文物、古树名木、植被、水体、地貌的保护方案。

5 道路与交通

道路布置、基地外部交通相互影响分析，基地内部的交通分析组织、机动车与非机动车停车场地设置、与消防有关的措施。

6 竖向设计

当地形较复杂时应做竖向设计说明。

7 景观设计

景观环境、空间组织、视线分析、绿地与植物配置、灯光照明等。

8 环境保护（见本篇第 1.2.5 条）

1.2.5 建筑设计说明

1 布置与分区

建筑群体和单体的平面和竖向构成，环境营造和环境分析（如日照、通风、采光），平面布置的多方案比较和分析等。

2 建筑平面布局交通组织和功能分析

建筑的功能布局和各种出入口、垂直交通运输设施（包括楼梯、电梯、自动扶梯）的布置；宜附流线分析图（包括剖面示意或平面竖向叠加示意等方式的分析图）。

3 建筑的空间构成及立面设计

立面设计分析、造型构成分析、建筑立面细节构造分析。宜采用多方案比较的方式，选择建筑立面造型设计最佳方案，说明中应有应附相关分析图。

4 主要建筑材料或新技术的使用

当采用新材料、新技术时，陈述其适用性、经济性。

5 建筑防火设计

建筑总平面消防、防火分区、安全疏散等。

6 建筑无障碍设计的主要部位及设施

7 建筑节能设计

设计依据；项目所在地的气候分区、地理环境等自然条件分析；建筑节能设计理念及主要技术措施（围护结构节能设计等）。

8　绿色建筑设计

设计依据；绿色设计的环境分析、设计目标和定位；绿色设计策略；

9　特殊技术要求

对防灾避难、安全防范、建筑声学、建筑光学、建筑热工、建筑智能化等方面有特殊要求的建筑，应作相应简要说明。当建筑处于洪灾、内涝、地震、泥石流、台风等自然灾害多发区，或易受到火灾、爆炸、核辐射、污染等灾害影响时，应予重点关注并制定相应的技术策略。

【说明】从技术逻辑上讲，节能是绿色建筑设计的重要组织部分，绿色设计的内涵更加广泛，融入在建筑设计的方方面面。考虑到仍有部分地区要求建筑节能设计应独立形成专篇，本规定仍保留了建筑节能设计这一专题。在当前更加倡导绿色设计的形势下，如招标文件无相关具体要求，节能设计应纳入到绿色设计体系当中去，使技术的系统化、逻辑性更加清晰、完善。

1.2.6　主要技术经济指标

根据已有的设计依据，列出主要技术经济指标，见本篇初步设计阶段的第3.2.3条第12款及表3.2.3-1～表3.2.3-3（表3.2.3-4套型结构明细表可根据招标书要求确定是否列出）。当个别设计依据不全时，表中项目可删减。

停车场、停车库的机动车停车数量均可以采用面积估算的方式确定。

【说明】投标方案设计阶段，主要技术经济指标可能会有较大不同。由于设计依据不全或设计深度不同等因素，表中所列项目有些是允许增删的。考虑到从方案、初步设计、施工图各阶段，其指标要求有其延续性，且计算的准确性即使在方案报批阶段也应有一定的要求，因此，本规定没有将各设计阶段的主要技术经济指标设为多种等级。

1.3　投标方案设计图纸

1.3.1　总图系列

1　场地区域位置图

表示建设基地在城市中的位置。非城市区域的建设项目标出距城市的方位及周边重要的标志物（如村镇、地理风貌等）。根据实际情况需要，可以按国家、城市或地区、局部区域、建设基地及周边等多个不同比例的范围逐级分别表示。宜以卫星照片的形式表达。

2　场地现状地形图

本图可以单独表示也可在总平面图上与新设计内容合并表达，但表达方式应避免造成对新设计内容辨识的不便。

3　总平面图

根据招标书提供的条件依据，表示如下内容：

1）保留的地形和地物；

2）建筑基地范围、道路红线、建筑控制线、绿化控制线、文物保护控制线；

3）建筑基地周边原有及规划道路和主要建筑物的位置、名称、层数，表示出与防火、日照等相关影响因素的必要信息；

4）建筑基地内建筑物的位置、尺寸及间距、名称或编号、层数；与基地周边建筑的间距；

5）道路、广场、停车场；

6）建筑基地内外主要控制标高；

7）基地出入口、建筑主要出入口及名称；

8）指北针或风玫瑰图；

9）图纸名称、比例或比例尺。

4　总平面功能分区图

表示基本的功能分区以及分期建设情况，可根据需要绘制。

5　交通分析图

1）人行、车行等各类交通流线及与各主要出入口、车库出入口的关系；

2）停车场位置，当需要时表示车位数量；

3）工程简单时本图可与总平面图合并。

6　环境景观分析图

可根据招标文件要求，说明景观性质、视线、形态或色彩设计理念及与城市关系。

7　日照分析图

若招标文件有要求，应按符合规定的软件绘制符合当地规定的日照分析图并明确分析日照结果，以确保日照条件符合国家相应规定。

1）居住建筑、医院、疗养院、学校、托儿所、幼儿园、养老院等建筑应按国家相关标准及法规分析日照并确保满足要求；

2）公共建筑应根据需要分析日照影响，确保环境效果和公众利益。

【说明】第 1 款中，场地区域位置图是本设计深度规定特别强调之处，它既表明了建设地域与地点，又在不同的尺度上反映了建筑与周边环境的关系。

一座（组）建筑物在其所处的城市环境或自然环境中的形态，不是偶然的，不是不可预期的，它与周围的环境存在着内在逻辑关系，只有在理性的思考下，才能做出合理的形态和布局。多年来国内建筑师一直存在着对建筑与环境的关系重视不够的问题，缺少城市设计环节，一张仅表示了基地和周边道路的总平面图即是对环境的最大表现，这是远远不够的。由于城市设计的观念不够强，导致了城市区域或街道的建筑群体和轮廓线混乱。

第 7 款中，日照计算软件应经过权威部门评估和检测或符合当地规划管理部门的规定和认可。当公共建筑对周边建筑和环境（如儿童游戏场、绿地等）有遮挡可能时，根据当地规定做日照分析。

1.3.2　建筑设计图纸

各图应标注图纸名称、比例或比例尺。大型建筑应绘制组合平面图、立面图、剖面图表示全貌，反映出组合体各部分之间的关系。此时比例可适当减小（一般用比例尺表示），但宜另行绘制本款规定比例的局部分段图。

二维图纸难以表达清楚时，宜使用三维轴测图辅助表达。

1　各层平面图

1）轴线的开间进深尺寸和总尺寸、柱网和承重墙、分隔墙位置；

2）注明房间或功能区域的名称；复杂时可以编号代替；

3）绘出主要门窗位置；

4）室内、外地面设计相对标高，各层楼地面相对标高；

5）宜布置停车库停车位、行车线路；

6）在首层平面绘出指北针、剖切线及编号；

7）平面图宜按功能分区填色；

8）根据需要绘制主要用房的放大平面和室内布置；居住建筑应绘制户型平面图。

2 立面图

1）代表性立面或按招标文件要求提供建筑立面图；宜进行立面渲染；

2）立面外轮廓及主要结构和建筑部件的可见部分；

3）总高度尺寸、各楼层层高，室内外地坪、各层以及屋顶檐口或女儿墙顶标高；

4）可为展开立面，根据项目需要可增加局部立面、立剖面。

3 剖面图

选择绘制主要剖面，剖切位置应选在内外空间比较复杂的部位和充分表达设计意图，并应表示：

1）剖到和看到的各部分内容，包括主要结构和建筑构造部件；

2）总高度尺寸、各楼层尺寸，室内外地坪、各层以及屋顶檐口或女儿墙顶标高。

1.3.3 其他图纸

根据需要或招标文件要求制作分析图和详图，可包括：

1 用地环境分析与城市设计分析图；

2 建筑功能分析图；

3 室内交通分析图；

4 室内景观分析图；

5 建筑声学分析图；

6 视线分析图；

7 采光、通风分析图；

8 防火设计分析图；

9 绿色建筑设计分析图；

10 重点节点构造详图（对于立面设计、节能环保设计起到关键作用的标准节点详图）。

1.4 建筑效果图及模型

1.4.1 建筑效果图

1 根据招标书规定提供建筑效果图；

2 建筑效果图应准确真实地反映建筑设计内容及环境；

3 建筑效果图除单独出图外，还应列入文本册中。

1.4.2 建筑模型

1 根据招标书规定制作建筑模型；

2 除拟建建筑外，宜有表示周边环境的环境模型；

3 模型比例和深度应按招标文件要求制作，应准确反映建筑、建筑场地设计内容及周边环境的真实状况；模型的颜色可以是多色组合也可以是单色。

2 方案设计

2.1 一般规定

2.1.1 编制成果要求

方案设计文件应包括设计说明、主要技术经济指标、图纸、效果图、模型以及其他手段的设计效果展示等。根据需要，本阶段设计文件也可能不提供效果图和模型。

2.1.2 编制要求

1 编制内容应包括设计依据、设计理念、设计内容、设计标准、经济技术指标、新技术和新材料的应用以及设计效果展示；

2 通过与其他专业进行配合，初步确定机电系统方案、结构布置方案；

3 设计深度应能协助建设方确定主要的建设标准；

4 设计深度除符合本标准规定外，还应满足对政府行政主管部门的规划申报要求。

2.2 方案设计说明

2.2.1 设计项目概况

一般包括设计项目名称、建设地点、建设方名称、建设规模与性质（如××间旅馆、××床医院等）、建筑主要功能、建筑类别（如高层民用公共建筑）、总用地面积、建筑面积、建筑特征（建筑地上地下层数、建筑高度、使用人数、结构形式等）、建筑使用年限、总投资控制、分期建设情况、设计项目概况简介等。

2.2.2 设计依据和设计要求

1 主要依据性文件的名称、文号、日期，如：政府有关部门或上级主管部门的立项批文、城市控制性详细规划、规划设计条件、上一阶段已中标（或已确定的）方案、设计任务书、地形图、用地红线图、环境评估报告等。

2 设计执行的主要法规和技术标准，宜详细列出名称。若采用国外法规标准应注明，具体要求见总则第 2.1.6 条。

3 区域位置、项目所在地的气候分区、气象、地形地貌、水文地质、抗震设防标准、设计基础资料等。

4 简述政府有关主管部门对本项目的规划设计和城市设计条件要求：如：用地性质、道路红线、建筑红线、建筑高度控制、容积率、建筑密度、绿地率、日照间距、出入口位置、停车泊位数，以及对总平面布局、周围环境、空间处理、交通组织、环境与文物保护、造型要求等。

5 设计内容和范围，合作设计的分工。

2.2.3 建筑设计指导思想

简述设计理念，包括设计指导思想、地域特征与环境分析、建设方的情况、社会效益、经济效益、可持续发展的思想等。

方案深化设计阶段可适当简化描述。

2.2.4 合作设计的方案输入评审

在合作设计项目中，应根据管理程序中的评审结论对所提供的上一阶段方案提出基本意见，包括基本评价、需要改进和完善、深化的内容等。

2.2.5 总平面设计说明

1 概述场地现状特点和周边城市环境或自然环境情况。

2 建筑总体布局的构思意图和特点，分期建设情况。

3 原有建筑与生态的利用

建设基地内原有建筑的利用和保护，文物、古树名木、植被、水体、地貌的保护方案。

4 道路与交通

道路布置、基地内外部的交通流线、机动车与非机动车停车场地设置、与消防有关的措施。

5 竖向设计的基本原则和方案。

6 景观设计

景观环境、绿地与植物配置、灯光照明等。

7 环境保护（见本篇第2.2.6条）。

2.2.6 建筑设计说明

1 布置与分区

建筑群体和单体的平面和竖向构成，环境营造和环境分析（如日照、通风、采光）。

2 建筑平面布局、交通组织和功能分析

建筑的功能布局和各种出入口、垂直交通运输设施（包括楼梯、电梯、自动扶梯）的布置；宜附流线分析图。

3 建筑的空间构成及立面设计

各主要功能区域或房间的层高的初步确定值。

4 主要建筑材料或新技术的使用

当采用新材料、新技术时，陈述其适用性、经济性；说明有无相应规范、标准。

5 建筑防火设计

建筑总平面消防、防火分区、安全疏散等。

6 建筑无障碍设计的主要部位及设施。

7 人防地下室

当项目需建设人防地下室时，应简述设置位置、区域及相关技术经济指标。人防地下室的用途、等级、面积、位置一般在方案报批之后由有关行政主管部门确定，在本设计阶段宜根据相关设计要求，提出初步设想，供下一阶段确定具体使用性质时作参考。

8 建筑节能设计

设计依据；项目所在地的气候分区、地理环境等自然条件分析；建筑节能设计理念；主要技术措施（围护结构节能措施等）；主要技术性能指标。必要时应附相关的计算机模拟分析软件的计算结果图，并附相关建筑构造节点分析图。

9 绿色建筑设计

设计依据；绿色设计的目标和定位；绿色设计策略；主要技术措施及相关定性、定量分析、性能指标等。必要时应附相关的计算机模拟分析软件的计算结果图，并附相关建筑构造节点分析图。

10 特殊技术要求

对防灾避难、安全防范、建筑声学、建筑光学、建筑热工、建筑智能化、清洁维护等方面有特殊要求的建筑，应作相应简要说明。当建筑处于洪灾、内涝、地震、泥石流、台风等自然灾害多发区，或易受到火灾、爆炸、核辐射、污染等灾害影响时，应予重点关注并制定相应的技术策略，提供必要技术措施。

【说明】参同第 1.2.5 条说明

2.2.7 主要技术经济指标

根据已有的设计依据，列出主要技术经济指标，见初步设计阶段的第 3.2.3 条第 12 款及表 3.2.3-1~表 3.2.3-3（表 3.2.3-4 套型结构明细表可根据当地规划主管部门要求以及任务书要求确定是否列出）。当个别设计依据不全时，表中项目可删减。

当不能确定防空地下室范围和性质时，可不单独列出建筑面积。

【说明】方案设计阶段，仍采用初步设计阶段的表项，这是因为方案报批阶段需要保证多项经济技术指标计算的准确性。例如在北京地区，居住区规划的方案报批需要提供建筑个体的图纸与经济技术指标，而不再是在初步设计阶段控制，这对前期方案的工作量及精确性提出了较高的要求。

2.3 方案设计图纸

2.3.1 总图系列

1 场地区域位置图

表示建设基地在城市中的位置。非城市区域的建设项目标出距城市的方位及周边重要的标志物（如村镇、地理风貌等）。根据实际情况需要，可以按国家、城市或地区、局部区域、建设基地及周边等多个不同比例的范围逐级分别表示。

2 场地现状地形图

本图可以单独表示也可在总平面图上与新设计内容合并表达，但表达方式应避免造成对新设计内容的辨识的不便。

3 总平面图 1∶300，1∶500，1∶1000

应标注图纸名称、比例。对于规划报审用总平面图应按政府规划主管部门规定的比例（一般为 1∶500，1∶1000）绘制，但当因建筑尺度较小难以表达下述内容要求时，宜另辅以放大比例的总平面（一般大于 1∶500）。

1）保留的地形和地物；

2）建筑基地范围（宜以各角点的坐标值表示）、道路红线、建筑控制线、绿化控制线、文物保护控制线；

3）建筑基地周边原有及规划道路、原有建筑物构筑物的位置、名称、层数，表示出与防火、日照等相关影响因素的必要信息；

4）建筑物的位置、主要尺寸及间距、名称或编号、层数；

5）一般应采用首层平面轮廓表示建筑物位置、定位尺寸，如采用屋顶平面也应同时用虚线表示出首层轮廓位置。人防、地下建筑（构筑物）等隐蔽工程的范围用虚线或色块填充等易于区别的线型图例形式表示；

6）应表示出与基地周边建筑的间距；

7）道路、广场、停车场，主要道路宽度；

8）建筑基地内外主要控制标高（绝对标高），建筑室内外主要相对标高及与绝对标高的关系。做出总平面竖向设计方案；

9）基地出入口、建筑主要出入口及名称；

10）指北针或风玫瑰图；

11）主要技术经济指标；

12）各地规划管理部门的其他特殊要求。

4　总平面功能分区图

表示基本的功能分区以及分期建设情况，可根据需要绘制。

5　交通分析图

1）各类交通流线及与各主要人流、货物运输出入口、地下车库及自行车库出入口的关系；

2）汽车停车场位置、车位数量及编号；

3）自行车停车场位置、面积及数量计算；

4）工程简单时本图可与总平面图合并。

6　环境景观分析图

1）绿化、景观及休闲设施的布置示意；

2）绿地范围与面积标注；

3）绿化指标统计及计算原则。

7　日照分析图

根据规划主管部门要求，按符合规定的软件绘制符合当地规定的日照分析图并明确分析日照结果，以确保日照条件符合国家相应规定。当上一设计阶段已完成并且无影响日照结果的修改时可不再行绘制。

1）居住建筑、医院、疗养院、学校、幼托、养老院等建筑应按国家相关标准及法规分析日照并确保满足要求；

2）公共建筑应根据需要分析日照影响，确保环境效果和公众利益。

2.3.2　建筑设计图纸

各图应标注图纸名称、比例。大型建筑应绘制组合平、立、剖面图表示全貌，反映出组合体各部分之间的关系。此时比例可适当减少到1：300~1：500左右，但宜另行绘制本款规定比例的局部分段图。

二维图纸难以表达清楚时，宜使用三维轴测图辅助表达。

如当地规划主管部门有规定，居住区详细规划还应提供居住建筑单体的平立剖图纸及指标。

1　各层平面图 1∶100，1∶150，1∶200，1∶300

1）轴线的开间进深尺寸和总尺寸、柱网和承重墙、分隔墙位置；

2）绘出主要结构和建筑构配件的位置；

3）注明房间的名称；

4）绘出主要门窗位置；

5）室内、外地面设计相对标高，各层楼地面相对标高；

6）布置停车库停车位、行车线路；

7）大型公共建筑宜绘制消防分区及人员疏散示意图；

8）宜列出各层建筑面积；

9）在首层平面绘出指北针、剖切线及编号；

10）根据需要绘制主要用房的放大平面和室内布置；居住建筑应绘制户型平面图。

2　立面图 1∶100，1∶150，1∶200，1∶300

1）绘制建筑各方向立面图（少量不重要立面除外）；

2）立面外轮廓及主要结构和建筑部件的可见部分；

3）总高度尺寸、各楼层层高，室内外地坪、各层以及屋顶檐口或女儿墙顶标高、屋面突出物标高；

4）可为展开立面，根据项目需要可增加局部立面、立剖面。

3　剖面图 1∶100，1∶150，1∶200，1∶300

选择绘制主要剖面，剖切位置应选在内外空间比较复杂的部位，并应表示：

1）剖到和看到的各部分内容，包括主要结构和建筑构造部件；

2）总高度尺寸、各楼层尺寸，室内外地坪、各层以及屋顶檐口或女儿墙顶标高、屋面突出物标高。

2.3.3　其他

1　根据需要或合同或协议书要求制作分析图和详图，见本篇第 1.3.3 条。

2　根据合同或协议书规定提供建筑效果图和建筑模型，具体规定见本篇第 1.4 节。

【说明】当项目有明确的绿色建筑评价等级的目标要求时，应提供必要的绿色建筑设计分析图，系统表达绿色设计的策略、标准和各项主要技术措施，并注意与绿色建筑设计说明及相关图纸保持协调统一。

3　初步设计

3.1　一般规定

3.1.1　编制成果要求

初步设计文件应包括设计说明、技术经济指标、材料用表、图纸、计算书等。

3.1.2　编制要求

1　编制内容应包括设计依据、设计理念、设计内容、设计标准、技术经济指标、计算书、新技术和新材料的应用以及在施工图开始前有待解决的问题。

2 设计深度应能协助建设方确定主要的建设标准和选材。

3 设计深度除符合本标准规定外，还应满足对政府行政主管部门的规划申报要求。应根据各地区的不同要求，组织各专业统一按消防、人防、节能、环保等内容列出专篇。

【说明】第3款中，关于初步设计文件是否单列消防、环保等内容的专篇的问题，本规定与住建部《建筑工程设计文件编制深度规定》(2008年版) 第3.1.1条规定的形式有所区别，后者不要求单列专篇的目的是确保设计文件中各专业内容的完整性，或避免设计文件中有关内容的重复。本规定考虑到现在全国绝大部分地区都是单列专篇以便政府有关主管部门审批，因此还是按照编写专篇说明的形式，由专业共同完成。这仅是一个形式的问题，故其不同规定是可以理解的，当然避免设计文件内容重复还是同样要求的。

由于本规定首先是按专业—阶段—内容的顺序进行分类编排的，因此各专篇中只描述了建筑专业的内容，实际设计中应各专业联合完成，样式见BIAD设计文件共享库中的初步设计说明统一格式。

3.1.3 应解决与其他专业配合的相关问题

建筑专业应向其他专业提供包括设计说明、图纸、建设标准、材料做法及门窗表等必要的基本资料（见表3.1.3但不限于）以满足下列需要。当设计过程中不能提供成图时，也可以其他方式提供符合内容要求的资料：

1 确定结构布置方案；

2 确定机电用房所需面积、高度及位置；确定主要管井位置及所需面积等；

3 编制设计概算书。

建筑专业提供给其他专业的设计资料表 **表3.1.3**

设计资料项目	发放专业				资料要求
	结构	设备	电气	经济	
设计说明	√	√	√	√	包括建造标准
室内装修做法表	√			√	
室外工程做法表				√	室外工程计入概算时提供
门窗数量表				√	
总平面图	√	√	√	√	包括竖向设计图
平面图	√	√	√	√	
屋顶平面			√		
立面图、剖面图	√			√	
外墙详图、重点节点构造详图	√			√	

3.2 初步设计说明

3.2.1 设计总说明

设计总说明是对设计项目基本概况和设计依据的描述，它已包括了各专业的内容在内，该部分内容在各专业说明中一般不应再另行撰写。设计总说明一般包括以下内容：

1　设计项目概况

一般包括项目名称、建设地点、建设方名称、建设规模与性质（如××间旅馆、××床医院等）、建筑主要功能、建筑类别（如高层民用公共建筑）、总用地面积、建筑面积、建筑特征（建筑地上地下层数、建筑高度、结构形式等）、建筑使用年限、建筑防火类别、耐火等级、人防类别及防护等级、地下室防水等级、屋面防水等级、地震基本烈度、总概算（投资）、分期建设情况等设计项目概况简介。

2　设计依据

1）宜列出国家和地方的有关政策、法律法规名称；

2）设计依据资料文件的名称、文号、日期、编制单位等，一般包括政府各有关主管部门的批准文件、可行性研究报告、建设方提供的任务书或工艺流程要求、经批准的设计方案、地形图、用地红线图、环境评估报告、项目所在地的气象地理条件、气候分区、建设场地的工程地质条件等；

3）政府有关主管部门对本项目批示的规划许可技术条件：如：用地性质、道路红线、建筑红线、建筑高度控制、容积率、建筑密度、绿地率、日照间距、出入口位置、停车泊位数，以及对总平面布局、周围环境、空间处理、交通组织、环境与文物保护、造型要求等。

3　设计范围与设计分工

1）工程设计范围、专业分工种类的说明；

2）对于合作设计的项目，应描述各自设计的范围与分工；

3）对于上一阶段（一般指方案设计阶段）由外部其他设计单位进行设计的项目，应描述我方对该设计输入的评价；

4）对于下一阶段（一般指施工图设计阶段）由外部其他设计单位进行设计的项目，应描述对该设计输出后我方的责任、控制范围等；

5）对于改造项目，除描述设计内容和设计范围外，还应说明与原设计方的关系与责任分工。

4　需由建设方在初步设计审批时提供或决定的问题

如有关城市规划、市政条件、建筑面积、建设投资、建造标准、使用功能、工艺流程、设备选型、设计基础资料、设计批复时间等可能涉及法律依据、与规划条件不符以及影响设计进度的内容。

【说明】设计总说明内容是由各专业合作完成的，代表了设计项目总概况的介绍，因此在各专业说明中不应再另行撰写，目的是避免重复和出现矛盾。

第2款中，设计依据文件范围一般包括各专业公共的内容和建筑专业的内容，其他专业的内容也可由各专业另行列出。

第3款中，设计范围与设计分工各项解释如下：

1）对设计范围的描述并不等同于初步设计阶段文件所提供的设计深度。除了应准确定义设计范围内的各项专业、专项设计内容外，还应对不在本设计范围内，但与工程设计相关的各专业、专项设计内容进行必要说明，以保证设计的完整性和系统性，明确相关各方的设计职责及界面划分；

2) 合作设计的项目，各自设计的范围与分工通常在合同、协议书以及质量计划中表述。但由于其为内部文件，因此有必要在正式设计文件中提及，有助于使其他各有关方明晰；
3) 上一阶段由其他设计单位设计的方案，在初步设计阶段进行项目设计输入的评价的目的是为了对其基本的方案是否能予接受有一个全面扼要的评判，以避免在后期出现方案性的否定和大的返工量；
4) 对于施工图设计阶段由其他设计单位进行设计的项目，其分工可按设计合同进行，但在通常情况下，设计深度要求一般要高于全过程由BIAD设计的项目，目的是以便对原设计意图和后阶段的设计质量进行有效的控制；
5) 改造项目中，将改造设计的内容和范围以及与原设计方的关系与责任分工描述清楚，是很重要的内容，不应忽视。无论是说明内容还是图纸表达，都应将原设计保留的部分和本次改造部分分清楚，既便于工程项目的各方明晰，也减少日后可能产生的责任归属争议或法律纠纷。

3.2.2 执行的设计规范与标准

1 列出涉及建筑专业的现行国家、行业、地方及BIAD发布的有关主要建筑设计规范、标准、规程、规定的具体名称及编号。

2 列出上述标准之外的标准的具体名称及编号（一般指国际标准、无标准依据时的自定原则以及批准情况）。

【说明】主要标准的范围一般包括通用性、综合性和专用性几类。对于本设计项目未涉及的和较次要的标准以及本阶段设计未涉及的标准可不列出。其他专业的规范可在各专业说明中列出。

3.2.3 总平面

1 建设场地概述

建设地点的名称，在城市或其他环境中的位置，周边环境状况（如自然与人文环境、交通、建筑、公共设施、绿化等现状和规划描述）。

2 建设场地地形地貌

概述基地场地的地形、地貌，如山丘范围和高度，水域的位置、流向、水深，最高最低标高，总坡向，最大坡度和一般坡度，地下最高水位和近年实际水位情况等。

3 建设用地的自然因素，如地震、湿陷性或涨缩性土、地裂缝、岩溶、滑坡及其他地质灾害。

4 建设用地内的现状

地上地下原有建筑物、构筑物、保留或拆迁要求，古树或保留树木、植被、地形的保留情况等。

【说明】用地市政条件也可在其他专业说明中描述。

5 规划条件要点

红线范围内用地面积、建筑控制线、建筑限高、日照条件、道路出入口位置、容积率、绿地率、停车数量以及城市设计、环保、文保等规定。

6 总平面设计原则与特点

设计主要构思、指导思想、设计原则，说明如何结合地域文化特点及气候、地形、地质、日照、通风、防火、卫生、交通以及环境保护等要求布置建筑物、构筑物，使其满足原始条件、规划要求、使用功能及技术经济的合理性，对城市景观的影响等。

7　建筑布置与环境

楼栋分区、功能分区、建筑群体空间的组织及其与周边环境的关系、日照、通风、分期建设规划、发展用地的考虑等。

8　交通组织

周边交通条件（外部城市道路情况、使用者可能采用的各类交通方式的分析）、交通设计原则、出入口（包括基地出入口和建筑出入口）、人流和车流的交通组织、停车位（机动车和自行车的停车场库的位置、停放方式）、道路系统（主次道路的路宽及纵坡、消防车道等）。

9　绿化与景观环境设计

空间组织、绿地与植物配置、景观环境、灯光照明等。

10　竖向设计

1）描述统一的设计坐标与高程系统；必要时应有水准高程换算说明；

2）设计依据：现有和规划的城市道路和市政管道的标高、地形、特殊地区的最高洪水位、最高潮水位、土方平衡情况等（注意与本条第 2 款内容不宜重复）；

3）竖向布置的原则和方式：地形利用或改造的方式（如平坡式或台阶式）；

4）雨水排水与回收利用的方式（如自然排水、市政排水，雨水回收利用的考虑）；

5）设计标高：本工程±0. 000 相对标高与绝对标高的关系，与周边城市道路、用地标高的关系；对于多子项的±0. 000 标高不同时应分别列出，也可写明详见总平面图；注明本工程标高、尺寸单位（标高、总平面尺寸以 m 为单位，其他尺寸以 mm 为单位）；

6）根据项目具体情况说明防灾的措施，如防洪、滑坡、潮汐及特殊工程地质的排水处理；

7）根据需要注明初平土方量。

11　室外工程设计内容及材料标准

1）设计的范围与内容（如道路、广场、停车场、围墙、小品等）；

2）材料和标准（可列表说明）。

12　主要技术经济指标

1）根据已有的设计依据，列出主要技术经济指标，见表 3. 2. 3-1、表 3. 2. 3-2、表 3. 2. 3-3；

2）表 3. 2. 3-4 套型结构明细表可根据各地行政主管部门要求确定是否列出；

3）更为详细的建筑面积计算要求见第 3. 2. 10 条；

4）居住建筑类可根据需要，列出配套公建设施表、楼号统计表、户型统计表等；

5）根据各地行政主管部门要求，可增加需要的项目。个别设计依据不全时，表中项目可删减；

6）如为群体建筑，除公共指标外，还应分别列出各楼的技术经济指标；

7）机动车停车方式如为机械式，应注明；如有大型客车，数量统计应予区别。

主要技术经济指标（用于公共建筑类） **表 3.2.3-1**

序号	名称		数量	单位	备注
1	规划总用地面积			hm^2	
2	其中：市政代征地面积			hm^2	
3	绿化代征地面积			hm^2	
4	建设用地面积			hm^2	
5	建设用地	建筑用地面积			
6		道路、广场、停车场用地面积		hm^2	
7		绿化用地面积		hm^2	
8	总建筑面积			m^2	
9	其中：地上建筑面积			m^2	
10	地下建筑面积			m^2	说明是否含人防建筑面积
11	人防建筑面积			m^2	含人防出入口
12	建筑物基底总面积			m^2	
13	建筑密度			%	
14	建筑容积率				
15	绿化率			%	
16	人均建筑面积			m^2/人	
17	人均绿地面积			m^2/人	
18	建筑高度			m	多栋应分别列出
19	建筑层数（地上/地下）		/	层	多栋应分别列出
20	机动车停车数量			辆	
21	其中：地上停车			辆	
22	地下停车			辆	
23	机动车停车指标			辆/万 m^2	
24	自行车停车数量			辆	
25	其中：地上停车			辆	停车场按 1.2m^2/辆计
26	地下停车			辆	停车库按 1.8m^2/辆计
27	自行车停车指标			辆/万 m^2	
28	其他				指建筑特征

注：公共建筑可根据招标文件要求增加主要功能区分层面积表、旅馆建筑的客房构成、医院建筑的门诊人次及病床数、图书馆建筑的藏书、观演和体育建筑的座位数等，列入表中的“其他”项中。

用地平衡表（用于居住建筑类）　　**表 3.2.3-2**

<table>
<tr><th>序号</th><th colspan="2">名　　称</th><th>数量</th><th>单位</th><th>备　注</th></tr>
<tr><td>1</td><td colspan="2">规划总用地面积</td><td></td><td>hm²</td><td></td></tr>
<tr><td>2</td><td colspan="2">其中：市政代征地面积</td><td></td><td>hm²</td><td></td></tr>
<tr><td>3</td><td colspan="2">绿化代征地面积</td><td></td><td>hm²</td><td></td></tr>
<tr><td>4</td><td colspan="2">建设用地面积</td><td></td><td>hm²</td><td></td></tr>
<tr><td>5</td><td rowspan="4">建设用地</td><td>其中：居住建筑用地</td><td></td><td>hm²</td><td></td></tr>
<tr><td>6</td><td>公共建筑用地</td><td></td><td>hm²</td><td></td></tr>
<tr><td>7</td><td>道路广场用地</td><td></td><td>hm²</td><td></td></tr>
<tr><td>8</td><td>集中绿化用地</td><td></td><td>hm²</td><td></td></tr>
</table>

主要技术经济指标（用于居住建筑类）　　**表 3.2.3-3**

<table>
<tr><th>序号</th><th>名　　称</th><th>数量</th><th>单位</th><th>备　注</th></tr>
<tr><td>1</td><td>建设用地面积</td><td></td><td>hm²</td><td></td></tr>
<tr><td>2</td><td>总建筑面积</td><td></td><td>m²</td><td></td></tr>
<tr><td>3</td><td>其中：居住建筑面积（地上）</td><td></td><td>m²</td><td></td></tr>
<tr><td>4</td><td>居住建筑面积（地下）</td><td></td><td>m²</td><td></td></tr>
<tr><td>5</td><td>公共建筑面积</td><td></td><td>m²</td><td>不含人防建筑面积</td></tr>
<tr><td>6</td><td>人防建筑面积</td><td></td><td>m²</td><td>含人防出入口</td></tr>
<tr><td>7</td><td>总居住户数</td><td></td><td>户</td><td></td></tr>
<tr><td>8</td><td>总居住人口</td><td></td><td>人</td><td>注明户均人数</td></tr>
<tr><td>9</td><td>居住建筑高度</td><td></td><td>m</td><td rowspan="4">多栋应分别列出</td></tr>
<tr><td>10</td><td>居住建筑平均层数（地上/地下）</td><td></td><td>层</td></tr>
<tr><td>11</td><td>公共建筑高度</td><td></td><td>m</td></tr>
<tr><td>12</td><td>公共建筑层数（地上/地下）</td><td>/</td><td>层</td></tr>
<tr><td>13</td><td>建筑容积率</td><td></td><td></td><td></td></tr>
<tr><td>14</td><td>居住建筑面积毛密度</td><td></td><td>m²/hm²</td><td>居住建筑面积/总用地面积</td></tr>
<tr><td>15</td><td>居住建筑面积净密度</td><td></td><td>m²/hm²</td><td>居住建筑面积/居住建筑用地</td></tr>
<tr><td>16</td><td>建筑物基底总面积</td><td></td><td>m²</td><td></td></tr>
<tr><td>17</td><td>建筑系数</td><td></td><td>%</td><td>总建筑占地面积/总用地面积</td></tr>
<tr><td>18</td><td>人口毛密度</td><td></td><td>人/hm²</td><td>总居住人口/总用地面积</td></tr>
</table>

续表

序号	名　　称		数量	单位	备　注
19	人口净密度			人/ hm^2	总居住人口/居住建筑用地
20	人均居住建筑用地			m^2/人	
21	人均公共建筑用地			m^2/人	
22	人均道路、广场用地			m^2/人	
23	人均绿化用地			m^2/人	
24	绿地率			%	
25	机动车停车数量			辆	
26	其中：地上停车			辆	
27	地下停车			辆	
28	机动车停车指标	居住部分		辆/户	
29		公建部分		辆/万 m^2	
30	自行车停车数量			辆	
31	其中：地上停车			辆	停车场按 1.2m^2/辆计
32	地下停车			辆	停车库按 1.8m^2/辆计
33	自行车停车指标	居住部分		辆/户	
34		公建部分		辆/万 m^2	
35	其他				各类户型面积统计表等

注：1. 第 8 项中户均人数北京地区按 2.8 人/户计；

2. 应说明阳台、飘窗等部位的面积计算原则。

套型结构明细表（用于住宅建筑类）　　**表 3.2.3-4**

楼号	住房总建筑面积	住房总户数	套型建筑面积 90m^2 以下住房			
			建筑面积（m^2）	面积比例	户数	户数比例
①				%		%
②				%		%
③				%		%
…				%		%
合计				%		%

注：可根据住房与城乡建设部以及当地政府主管部门的具体要求、实际住宅建筑类型以及任务书要求调整本表。

【说明】主要技术经济指标中容积率计算一般不包括地下建筑面积，但最终应以当地规划主管部门规定为准。

表 3.2.3-3 套型结构明细表是根据近年住房与城乡建设部及地区等行政主管部门的要求设置的，本表更多地体现了政策性的内容，随着社会发展，其变化也是可以预见的。为方便执行和使用，本规定仍将其列出。

3.2.4 建筑功能设计

1 平面布置

建筑群体和单体的主要分区情况与分区原则、柱网的选择、模数系统的考虑。

2 各层功能分区与内容

建筑的功能布局和各种出入口性质与位置（建筑群体的内容也可在第 3.2.3 条总平面中描述）。

3 水平及垂直交通组织

平面之间的交通组织与联系，垂直交通的形式、组织与联系方式（电梯、自动扶梯的设置可在第 3.2.6 条第 5 款中描述）。

4 剖面设计

各部分功能区域或主要房间的层高与净高等。

3.2.5 建筑造型设计

1 设计指导思想

设计理念、城市设计的考虑、群体与个体的关系。

2 造型设计

建筑风格、体形与立面、主要材料的选择、色彩等。

3 室内设计

主要为室内设计的原则、精装修与普通装修的范围、设计风格的考虑、基本标准等。

3.2.6 建筑材料及设施

1 墙体材料

各部位外墙体、内隔墙的材料、厚度。

2 门窗

1）门窗的材料与技术性能要求（内外门窗、天窗等材质、标准、颜色、开启形式、五金等）；

2）门窗编号方式（编号原则和字母代号的含义）；

3）门窗数量表（可另做附表）：应包括门窗的类别、具体类型、洞口尺寸、分数量和总数量、使用部位、技术性能要求简述等。

3 幕墙及特殊屋面

幕墙及金属、玻璃、膜结构等特殊屋面的主要技术性能要求（抗风压、气密性、水密性、防水、防火、防护、隔声、节能、饰面材质色彩、涂层等）。

4 外装修设计

外墙、屋面、主要入口台阶、坡道等的材料与标准。

5 内装修设计

1）内装修设计的要点；

2）楼地面、墙面、顶棚等主要部位的标准（室内装修做法表可详附表）：内容应包括层数、所在区域（指功能区）、房间名称（编号），楼地面、踢脚或墙裙、墙面、顶棚的面层材料、做法图集索引、燃烧性能，楼地面做法厚度；当做法未采用图集索引时，应写出具体做法；

3）卫生洁具（洁具及五金配件的类型、标准，与设备专业配合商定）；

4）厨房设备（标准、有无参考厂商配合工艺设计等）；

5）装饰灯具（主要各类部位的灯具类型、标准）。

6　电梯、自动扶梯（自动步道）

1）电梯布置的原则与目标：使用人数、到达目的地的时间、输送能力、确定数量的依据（计算原则），必要时可包括垂直交通模拟性能分析等；

2）电梯布置的情况和技术参数：部位、用途、是否按层数分区、类型、数量、参考厂商、型号、载重量、速度、扶梯的倾斜角度和梯级宽度等主要参数等。

【说明】第6款中的输送能力，电梯一般指5分钟输送能力（人/5min）；自动扶梯、步道一般指每小时输送能力（人/h）。

3.2.7　防水工程设计

1　地下室防水

设计防水标高、地下室地面标高、防水等级、防水材料做法。

2　屋面防水

各类不同部位屋面的防水等级与耐用年限、防水材料做法、排水方式。

3　室内各部位防水

室内各处如卫生间、厨房等处的防水部位、防水材料做法。

3.2.8　无障碍设施

1　无障碍设施的设计部位

总平面及建筑内部的无障碍设施的部位（如停车位、入口、水平通道、楼梯、电梯、公共卫生间浴室等）。

2　无障碍设施的设计标准

如影剧院的轮椅席位、无障碍客房或居住套型的总数量以及单位数量等。

3.2.9　建筑使用人数

总人数或各楼、各功能部分的人数，必要时加入男女比例。除有固定座位等标明使用人数外，对无标定人数的建筑应按有关设计规范或经调查分析确定合理的使用人数。

3.2.10　建筑面积统计表

1　列出建筑面积计算的规范和规定的依据，并指出对于上述规范和规定中未作规定或规定不明确的部位建筑面积计算的原则。

2　建筑面积统计表

多栋建筑时应分别统计汇总；每栋单体建筑中应按每层或每类功能分区统计汇总。

【说明】除非当地部门有特别规定，一般应采用《建筑工程建筑面积计算规范》GB/T 50353—2013作为计算依据。

3.2.11　防火设计

本条以及其后的第3.2.12、3.2.13、3.2.14条作为专篇内容应与其他专业共同完成。

本条只列举建筑专业部分的内容。

1 设计项目概况

建设规模与性质、建筑面积、建筑层数、建筑高度（室外地面至屋面面层）、建筑类别（指高层建筑分为一类或二类）、建筑耐火等级、是否设置自动灭火系统等。

设计项目概况所列均为与防火有关的主要数据，更详细的内容应详其他各章节。

2 防火设计原则

主要防火范围、措施和目标。

3 设计规范依据

列出与防火有关的规范（包括防火专用规范和建筑专项规范）。

4 总平面消防设计

1）防火间距：与内外部相邻建筑的距离；

2）消防车道：位置、形式、宽度、净空高度、与建筑外墙的距离等；

3）消防扑救面和扑救场地情况；

4）高层建筑裙房设置情况。

5 防火分区（及防烟分区）的划分

防火分区（及防烟分区）划分表，列出层位置、防火分区编号、使用性质（功能区域名称）、防火分区面积、防烟分区面积、自动喷水灭火系统等。

6 消防电梯的设置

编号、平时用途、数量、位置（使用部位）、类型、载重量、速度、服务面积、防烟室情况等。

7 安全疏散

1）安全出入口的数量：包括总出入口、疏散楼梯、大面积厅室的门等；

2）疏散楼梯间的形式：指开敞或封闭、自然排烟或机械防烟等；

3）疏散距离：走道长度、大面积厅室最远点至疏散口的距离等；

4）疏散宽度的计算：各层及大面积厅室的计算人数、层次、标准，出入口、走道、楼梯宽度等。

8 建筑构件的防火性能

1）防火墙、隔墙的使用部位、材料、厚度、耐火极限；

2）防火门窗、防火卷帘的级别、使用部位；

3）玻璃幕墙、金属承重结构的防火措施；

4）内装修材料的防火性能：使用部位、材料、燃烧性能、级别，或注明详室内装修做法表。

9 消防控制室的设置（位置、层次、距出入口距离）

10 手提灭火器的设置位置或设置原则

【说明】第1款中，设计项目概况不宜重复前面已叙述过的内容。此原则也适用于其他各条款。

第3款中，如提供为完整的初步设计文件而不仅是消防专篇时，也可不单列规范依据。

3.2.12 人防设计

1 设计依据

各类申报、审查用表及人防规范。

2　人防建筑专业

1）防空地下室的防护类别、防常规武器和核武器抗力级别、防化等级、工程类别、平时和战时用途；

2）防空地下室的位置、层次、建筑面积、防护单元和抗爆单元的划分及面积；

3）每防护单元的掩蔽人数，特殊工程的技术经济指标，如专业队员人数、掩蔽装备或车辆的数量、医疗救护工程的分区情况以及容纳的人数和床位数；

4）防空地下室室内外出入口的数量及防护设施；

5）特殊部位的平战结合措施原则。

【说明】人防防火部分的内容列入第3.2.11条中。

3.2.13　节能设计

1　设计依据

执行的主要设计规范与标准。

2　建筑围护结构能耗分类

设计项目所在地的气候分区，公共建筑和居住建筑的分类（北京地区公共建筑还应注明甲乙分类），宜标明体型系数、建筑节能目标（%）。

3　围护结构的节能设计标准和措施

具体措施包括外墙、屋顶、不采暖地下室顶板、采暖地下室的地面和外墙面、接触室外空气的地顶板、不采暖区域（如：楼梯间、外廊）与采暖区域之间、空调区与非空调区域之间的保温隔热的材料种类、做法及厚度；遮阳；防风；外门窗、幕墙的保温隔热、空气渗透性能等；可列表描述。

3.2.14　环境保护与生态设计

1　噪声控制

1）本工程的隔声标准等级及依据；

2）墙身和楼板的计权隔声量：墙身隔声包括房间之间、房间与走道之间隔墙的隔声量；楼板隔声包括空气声和撞击声的计权隔声量；

3）外门窗、玻璃幕墙隔声量；

4）室内吸声处理：噪声源房间（如空调机房、通风机房、柴油发电机房、非消防泵房及制冷机房等）的隔声材料选择及构造做法。

2　废弃物处理

包括层垃圾间、总垃圾间的设置与设施、垃圾储运方式等。

3　建筑材料的环保要求

4　主要建筑材料的环保指标限制值

5　建筑生态设计

在节水、节材、环境与生态保护等体现可持续发展思想的方面予以说明。可包括原地貌植被的利用、现存树木的保留、雨水回收利用、自然采光与通风、太阳能的利用、环境亲和建筑材料的使用、建筑使用的经济性等。

3.2.15　绿色建筑

当项目按绿色建筑要求建设时，应有绿色建筑设计说明。

1 设计依据

2 绿色设计的项目特点和定位

3 绿色设计策略、主要技术措施及性能标准

4 针对相关绿色建筑评价标准的响应与成果评价

【说明】节能、环境保护与生态设计在概念、内容上有一定重叠，也均属于绿色建筑设计的范畴，考虑到多数地区要求分别列节能和环境保护专篇，为了清晰起见，在第3.2.13条，第3.2.14条将其分别列出。

3.2.16 特殊技术要求

对防灾避难、安全防范、建筑声学、建筑光学、电磁波屏蔽、防振、防腐、防爆、防辐射、防尘、清洁维护等方面有特殊要求的建筑，应提供相应技术措施说明，明确主要技术性能指标。当建筑处于洪灾、内涝、地震、泥石流、台风等自然灾害多发区，或易受到火灾、爆炸、核辐射、污染等灾害影响时，应提供针对性的系统解决方案及相关技术措施、性能标准的说明。

3.3 初步设计图纸

3.3.1 一般规定

1 各图应标明图纸名称、比例。以下各图所列比例为规定比例，一般不应超出该范围的最小比例。当建筑规模、尺度较大，平立剖面等图纸需采用完整的形式表达时，可根据情况减小规定比例，但须另有大比例的分段、局部图纸辅助表达。

2 1∶150及1∶150以上比例的图纸应绘制出幕墙完成面。

3 设计说明中已包含的内容（如内装修做法表、门窗数量表等）在图纸文件中一般不必再另行编写，除非当地行政主管部门另有要求。

3.3.2 总图系列

以下为一般工程所需的基本图纸内容，如工程有特殊需要，还应再增加。

1 区域位置图与城市环境图

1）区域位置图

建设基地在城市中的位置。标明所在区域及与主要城市干道的关系，非城市区域的建设项目标出距城市的方位及周边重要的标志物（如村镇、地理风貌等）。

2）城市环境图 1∶500，1∶1000；1∶2000；1∶5000及以下

宜绘制建设基地周边环境，包括周边城市各级道路、建筑物、自然环境等。

【说明】本款将区域位置图与城市环境图分别进行规定，实际上两者间可能并无严格界限，根据情况需要，可以按国家、城市或地区、局部区域、建设基地及周边等多个不同比例的范围逐级放大表示。

2 总平面图 1∶300，1∶500，1∶1000

对于规划报审用总平面图应按政府规划主管部门规定的比例（一般为1∶500，1∶1000）绘制，但当因建筑尺度较小难以表达下述内容要求时，则须另辅以放大比例的总平面（一般大于1∶500）。由多个独立子项工程（具有独立项目名称和项目编号的子项工

程）组合形成的群体建筑，除应绘制建筑群体总平面图以表达整体关系外，各独立子项工程应各自绘制本子项工程的总平面图，图纸比例也应适当放大。

1）保留的地形和地物（可单独表达，也可在总平面图上与新设计内容合并表达，表达方式应避免造成对新设计内容的辨识的不便）；

2）建筑基地各角点的坐标值、道路红线、建筑控制线、绿化控制线（绿线）、河道控制线（蓝线）、文物保护控制线（紫线）；

3）建筑基地周边原有及规划道路的位置（主要坐标或定位尺寸）和主要建（构）筑物的位置、名称、高度及层数，表示出与防火、日照等影响因素的必要信息；

4）建（构）筑物的位置、定位尺寸与坐标、名称或编号；

5）建（构）筑物位置一般应表示首层平面轮廓，当以屋顶平面表示时，应同时将首层平面轮廓以虚线、色度（色块填充）等方式表示出来。地下建筑、油库、水池等隐蔽工程的范围以虚线、色度等易于区别的线型图例形式表示；

6）应表示出建（构）筑物与基地周边建筑的间距；

7）建（构）筑物的层数、高度。建筑高度一般标注为室外地面至屋顶檐口或女儿墙的高度并宜予以说明；

8）道路、广场的主要坐标（或定位尺寸），各类停车场、消防车道及高层建筑登高场地的布置；

9）建筑基地内外主要绝对标高，建筑室内外主要设计相对标高及与绝对标高的关系；

10）基地出入口、建筑各出入口及名称；

11）指北针或风玫瑰图；

12）主要技术经济指标；

13）各地规划管理部门的其他特殊要求。

【说明】第12）项中，主要技术经济指标在设计说明中已列，但各地规划部门也有要求在总平面中同时列出的，此时可适当简化只列出必需的指标。

3 竖向设计图 1：300，1：500，1：1000

对于地形复杂及高差较大的基地应在总平面图的基础上绘制竖向设计图，并应与总平面图采用同一比例。规模小、地形简单时本图可与总平面图合并。根据规模和地形复杂程度可采用标高法、箭头法、等高线法等多种方法之一表达：

1）场地范围的测量坐标值（或注尺寸）；

2）保留的地形、地物；

3）场地周边的道路、地面、水面及其关键性标高；

4）建（构）筑物的名称或编号、首层平面轮廓、室内外设计标高（如建筑主要出入口）；

5）主要道路、广场的起点、变坡点、转折点和终点的设计标高，以及场地的控制性标高；

6）表示地面坡向，并表示出护坡、挡土墙、排水沟等；

7）指北针；

8）注明尺寸单位、补充图例；

9）根据需要利用竖向布置图绘制土方图及计算初平土方工程量。

4　交通分析图 1∶300，1∶500，1∶1000

在总平面图的基础上绘制，应与总平面图采用同一比例。工程简单时本图可与总平面图合并。包括：

1）各类交通流线以及与各主要人流货物运输出入口、地下车库及自行车库出入口位置的关系；

2）汽车停车场位置、车位数量及编号；

3）自行车停车场位置、面积及数量计算。

5　绿化分析图 1∶300，1∶500，1∶1000

在总平面图的基础上绘制，应与总平面图采用同一比例。工程简单时本图可与总平面图合并。包括：

1）绿化、景观及休闲设施的布置示意；

2）绿地范围与面积标注；

3）绿化指标统计及计算原则。

6　日照分析图

根据规划主管部门要求，按符合规定的软件绘制符合当地规定的日照分析图并明确分析日照结果，以确保日照条件符合国家相应规定。当上一设计阶段已完成并且无影响日照结果的修改时可不再行绘制。

1）居住建筑、医院、疗养院、学校、幼托、养老院等建筑应按国家相关标准及法规分析日照并确保满足要求；

2）大型公共建筑应分析日照影响，确保环境效果和公众利益。

3.3.3　平面系列

1　轴网定位图 1∶100，1∶150，1∶200，1∶300

大型、复杂的建筑宜绘制轴网定位图。标明承重结构的轴线、轴线编号、定位尺寸和总尺寸。

2　组合平面图 1∶150，1∶200，1∶300，1∶500

当大型建筑、单元式居住建筑等长宽尺寸较大，由于图纸规格所限，平面图无法完整表达建筑的整体形态和平面关系时，应绘制组合平面图。此时，则需相应绘制分区平面图，并符合下文第 3 款相关要求。与平面图相比，组合平面图比例可适当减小，表示内容和深度根据具体情况可适当简化，但至少应包括：

1）承重结构的轴线、轴线编号、尺寸和总尺寸；

2）轴线间尺寸与定位、建筑外包总长、外包尺寸及与轴线的关系；

3）绘出主要结构和建筑构配件的位置；

4）注明主要房间或功能区域的名称；编号见本条第 3 款第 7）项所述；

5）标出分段或单元编号；

6）室内外地面设计相对标高以及与绝对标高的关系，各层楼地面相对标高；

7）指北针（绘在首层平面）；

8）剖切线及编号（绘在首层平面）；

9）标出各层建筑面积。

10）示意分区平面图的分区界限，不应出现分区平面未涵盖的区域。

3　平面图 1∶50，1∶100

1）承重结构的轴线、轴线编号、尺寸和总尺寸；

2）轴线间尺寸与定位（当建筑为弧形时应标明角度和指定位置的弧长）、建筑外包总长（当标注外包总长有困难时可标注轴线总长；当平面分段表示时可标注该段轴线总长）、外包尺寸与轴线的关系；

3）绘出主要结构和建筑构配件的位置（如非承重墙、门窗、幕墙、天窗、楼梯、电梯、自动扶梯、中庭、夹层、平台、阳台、雨篷、台阶、坡道、散水明沟、变形缝等）；当围护结构为幕墙时，应标明幕墙与主体结构的定位关系；

4）表示主要建筑设备的位置，如水池、卫生器具等与设备专业有关的设备的位置；

5）绘出有特殊要求的主要厅、室的室内布置（如观众厅、多功能厅、公共厨房、标准客房、病室等）；也可另在平面详图中表示；

6）注明各房间（空间）的名称；

7）各房间宜进行编号。编号方式可按类别也可按房间定为唯一属性编号；

8）室内、外地面设计相对标高以及与绝对标高的关系，各层楼地面相对标高；

9）指北针（绘在首层平面）；

10）剖切线及编号（绘在首层平面）；

11）列出各层（段）建筑面积；

12）列出各类建筑设计规范要求计算的技术经济指标（也可在说明中列出）；

13）改造项目应用合适的图例表示出改造范围（将改造与非改造部分的墙体、门窗等进行区别）；

14）当用地紧张、建筑（包括地下部分）贴邻建筑红线建造时，应在首层和地下各层平面绘出建筑红线位置；

15）对于紧邻的原有建筑，应绘出其局部的平面图。

【说明】当受建筑长宽尺寸、图纸规格的条件所限，确有困难时，平面图比例可适当放宽，允许采用 1∶150 的比例。

4　平面详图 1∶20；1∶30，1∶50

绘出有特殊要求或标准的厅、室的室内布置（如家具布置等）；居住建筑户型平面图；也可根据需要选择绘制标准层、标准层核心筒、标准单元或标准间的放大平面图及室内布置图。

居住建筑应绘出标准层每套内主要房间的家具及设备布置，宜标出各房间使用面积、阳台建筑面积。当单元套型对称时，可将房间布置与面积标注分别对称表示。

5　防火分区平面图 1∶100，1∶150，1∶200，1∶300

用合适的图例表示建筑平面或空间的防火分区和防火分区分隔位置和面积，宜单独成图，各防火分区应编号。当平面分区简单时，也可在平面图中附以小比例的示意图表示。示意图宜在不同防火分区间的分界线等重要部位处标注轴线及其编号，以表达其定位关系。如为一个防火分区，可不另注防火分区面积。

3.3.4 立面图 1：100

1）建筑端部或转折及重要部位的轴线和编号；

2）立面外轮廓及主要结构和建筑部件的可见部分；

3）总高度尺寸、各楼层层高，室内外地坪、各层以及屋顶檐口或女儿墙顶、屋面突出物标高；

4）主要立面面层材料名称、分格、颜色；

5）绘制各方向立面，也可为展开立面，根据项目需要可增加局部立面、立剖面；

6）对于紧邻的原有建筑，应绘出其局部的立面图；

7）当有组合平面图时，应绘制组合立面图，表达深度可适当简化。

8）立面图（组合立面图）应与平面图（组合平面图）采用同一比例。当平面图采用 1：150 比例时，立面图可采用 1：150 绘制。

3.3.5 剖面图 1：100

选择绘制主要剖面，剖切位置应选在内外空间比较复杂的部位和需充分表达设计意图之处，并应表示：

1）承重墙、柱的轴线及编号；

2）剖到和看到的各部分内容，包括主体结构（含基础）、主要构造做法完成面（楼地面、屋面、室内吊顶控制线等）、各类建筑构造部件等；

3）总高度尺寸、各楼层尺寸，室内外地坪、各层以及屋顶檐口或女儿墙顶、屋面突出物标高；

4）对于紧邻的原有建筑，应绘出其局部的剖面图；

5）当有组合平面图时，应根据需要绘制组合剖面图，表达深度可适当简化。

6）剖面图（组合剖面图）应与平面图（组合平面图）采用同一比例。当平面图采用 1：150 比例时，剖面图可采用 1：150 绘制。

3.3.6 详图系列

1　平面详图（要求见第 3.3.3 条第 4 款）

2　外墙详图 1：20，1：30，1：50

选择有代表性部位绘制典型外墙详图。深度要求参见施工图部分第 4.3.7 条的要求，在此基础上可适当简化材料和细部尺寸的标注。

施工图阶段交由他方进行设计的设计项目宜绘制全部的控制性外墙详图。

3　重点节点构造详图

绘制对于立面造型、技术性能控制（安全、节能、环保、绿色等）起到关键作用的典型节点详图。

【说明】当项目有明确的绿色建筑评价等级的目标要求时，应注意根据需要，补充绘制必要详图，配合平、立、剖面等图纸，完整表达相关技术措施的系统做法、性能标准，响应、落实相关技术要求。

4 施工图设计

4.1 一 般 规 定

4.1.1 编制成果要求

施工图设计文件应包括设计说明、技术经济指标、材料用表、图纸、围护结构热工性能表、建筑物热工性能权衡判断计算判定表、计算书等（计算书不属于必须交付的设计文件，但应按《BIAD质量管理体系文件——设计过程作用指导书》相关要求编制并归档保存）。

4.1.2 编制要求

1 设计深度除符合本标准规定外，还应满足对政府行政主管部门的规划申报要求。

2 当设计合同有约定时，应提供必要的资料依据，满足编制施工标底、预算书的需要。

3 后补施工图设计文件详见总则第3.3节要求。后补内容可能有总平面竖向设计图、设备机房详图、厨房详图、吊顶详图、精装修详图、工艺设计等。

4 任何由于工艺、设备、内装修等专业设计要求引起的土建变化均应由设计总承包的建筑设计人员负责调整、修改、补充设计文件并对其负责，除非对方具有相应的设计资质并明确双方的设计配合责任。

5 无论是合作、分包设计还是后补设计，当实施时间延误可能会导致土建施工产生大的返工或剔凿的情况时，必须提前注明，提示建设方与施工方，要求在施工前确定供应商完成合作、分包设计配合以及后补和修改图纸。

4.1.3 在设计过程中，应及时提供和获得必要的设计资料依据，使内部其他专业以及外部设计方（专业设计顾问公司、材料承包方等）的设计文件达到所需的设计深度要求。设计接口的程序、责任要求。详见《BIAD质量管理体系文件——设计过程作业指导书》。

建筑专业应向内部其他专业提供的基本资料要求（不限于）见表4.1.3。当设计过程中不能提供表中所列成图时，也可以其他方式提供符合内容要求的资料。

建筑专业提供给其他专业的设计资料表 **表4.1.3**

设计资料项目	发放专业			资料要求
	结构	设备	电气	
设计说明	√	√	√	包括建造标准
室内装修做法表	√			
门窗规格表		√		包括门窗的规格、性能、开启情况
总平面图		√	√	
竖向设计图		√	√	
平面图、平面详图	√	√	√	

续表

<table>
<tr><th colspan="2" rowspan="2">设计资料项目</th><th colspan="3">发 放 专 业</th><th rowspan="2">资 料 要 求</th></tr>
<tr><th>结构</th><th>设备</th><th>电气</th></tr>
<tr><td colspan="2">屋顶平面</td><td>√</td><td>√</td><td>√</td><td></td></tr>
<tr><td colspan="2">立面图、剖面图</td><td>√</td><td>√</td><td>√</td><td></td></tr>
<tr><td rowspan="8">详图</td><td>外墙</td><td>√</td><td>√</td><td></td><td></td></tr>
<tr><td>楼梯</td><td>√</td><td>√</td><td>√</td><td>提供设备专业的主要指正压送风类型楼梯；
提供电气专业的指仅平面图不能清楚表示的如多跑楼梯等</td></tr>
<tr><td>电梯、扶梯等</td><td>√</td><td></td><td></td><td></td></tr>
<tr><td>卫生间、厨房</td><td></td><td>√</td><td></td><td></td></tr>
<tr><td>设备机房</td><td></td><td>√</td><td>√</td><td></td></tr>
<tr><td>幕墙节点</td><td>√</td><td></td><td>√</td><td>提供电气专业的指与防雷系统连接有关的幕墙节点详图</td></tr>
<tr><td>节点构造详图</td><td>√</td><td></td><td></td><td></td></tr>
<tr><td>吊顶平面</td><td></td><td>√</td><td>√</td><td>应说明本次设计和二次装修的区域</td></tr>
</table>

【说明】高完成度的设计对专业之间的配合要求越来越高，表 4.1.3 中所列举的仅仅是在一般情况下应提供的基本图纸和资料，实际可能不止于此。

工程预算书不是施工图设计文件必须包括的内容，而且编制施工图预算需要全部设计文件资料，故表 4.1.3 不再将经济专业列入。

外部设计方（专业设计顾问公司、材料承包方等）涉及的技术接口类型较多，本条未予列举。

4.2 施工图设计说明

4.2.1 设计项目概况

一般包括项目名称、建设地点、建设方名称、建设规模与性质（如××间旅馆、××床医院等）、建筑主要功能、建筑类别（如高层民用公共建筑）、建筑特征（建筑地上地下层数、建筑高度、结构形式等）、建筑工程等级、设计使用年限、抗震设防烈度、防火设计建筑分类和耐火等级、人防工程防护等级、屋面防水等级、地下室防水等级等。

列出主要技术经济指标，包括总用地面积、建筑面积（地上地下分列）、建筑基底面积等，见表 3.2.3-1～表 3.2.3-4。

【说明】主要技术经济指标如需要也在总平面图中同时列出。

4.2.2 施工图设计的依据性文件的名称、文号、日期，包括：

1 本项目建设审批单位对初步设计的批复；

2 经批准的工程初步设计文件；

3 政府主管部门（如规划、消防、人防等）的批准文件；

4 建设方提供的任务书或工艺流程要求；

5 执行的设计规范与标准：

1）列出涉及建筑专业的现行国家、行业、地方及 BIAD 发布的有关主要建筑设计规范、标准、规程、规定的具体名称及编号；

2）列出上述标准之外的标准的具体名称及编号（一般指国际标准、无标准依据时的自定原则以及批准情况）。在中国境内建设的工程项目（不含港澳台地区），如采用国际标准，应事先报住房与城乡建设部主管部门批准备案。

【说明】设计依据文件范围一般包括各专业公共的内容和建筑专业的内容，其他专业的内容一般由各专业另行列出。

4.2.3 设计范围与设计分工

1 工程设计范围、专业分工种类的说明。

2 对于合作设计的项目，应描述各自设计的范围与分工。

3 对于上一阶段（一般指初步设计阶段）由外部其他设计单位进行设计的项目，应描述我方对该设计输入的评价。

4 对于下一阶段（一般指分承包设计阶段）由外部其他设计方、顾问咨询公司、承包商等进行设计的项目，应描述对该设计输出后我方的责任、控制范围等。

5 对于改造项目，除描述设计内容和设计范围外，还应说明与原设计方的关系与责任分工。

【说明】本条仅描述建筑专业内容，注意与第 3.2.1 条规定在初步设计阶段描述所有专业的区别。设计范围与设计分工各款解释如下：

1 设计范围一般可按第 4.1 节所述的原则确定，但设计合同另有规定的例外。除了应准确定义设计范围内的各项专业、专项设计内容外，还应对不在本设计范围内，但与工程设计相关的各专业、专项设计内容进行必要说明，以保证设计的完整性和系统性，明确相关各方的设计职责及界面划分；

2 合作设计见第 3.2.1 条的条文说明；

3 在施工图阶段对上一阶段由其他设计单位完成的初步设计应进行项目设计输入的评价，目的是为了分清责任和避免出现方案性和原则性问题而引起大的返工；

4 随着社会专业分工的愈加精细，施工图设计的方式不再像传统形式所表现的那样全部由某一设计单位承担且一次性全部设计完成，大量的设计内容由更加专业化的设计公司或承包厂商承担在同期或在后期完成。这对于提高建筑产品的完成度是有益的，但设计分工应描述清楚，以便将设计意图完整地传达到下一接口，并保持对后期的控制力度。尽管关于分工的责任，政府有关主管部门在少量部分有明确规定，但大部分内容还需设计双方明确。作为下一方施工图设计依据，相关内容的设计文件编制深度应满足有关承包或分包单位设计的需要；

5 改造项目详见第 3.2.1 条的条文说明。

4.2.4 设计坐标与高程系统，单位、图例

1 描述统一的设计坐标与高程系统；必要时应有水准高程换算说明。

2 本工程±0.000 相对标高与绝对标高的关系；对于多子项的±0.000 标高不同时应分别列出，也可写明详见总平面图。

3 注明各层标注标高为建筑完成面标高，屋面标高为结构面标高。

4 注明本设计项目标高、尺寸单位（标高、总平面尺寸以 m 为单位，其他尺寸以 mm 为单位）。

5 描述图例。一般以国家制图标准为准，特殊图例见各图纸图例表示。

4.2.5 基本说明与要求

对本施工图文件的基本说明与要求，一般包括：

1 设计方的权利与义务；

2 对施工图等效文件的说明。一般包括施工图交底纪录，施工洽商变更纪录，施工图修改纪录；

3 对材料、设备加工订货时的程序要求与技术规格要求；

4 遇有施工图表述不详尽或有所疏漏时的处理方式。

4.2.6 建筑施工放线说明

说明总图中所示坐标点为轴线交点还是外墙角点，施工验线要求。

4.2.7 总平面设计

1 建设用地内的现状陈述：有无保留或拆除的地上地下建筑物、构筑物；有无需保留的古树或树木；有无拆迁要求等。

2 分期建设情况。

3 当有报审要求时，根据工程项目所在地区的规定，相应增加所需内容，如日照、交通、绿化等。

4 场地竖向设计

1）竖向布置方式：地形利用或改造的方式（如平坡式或台阶式）、土方平衡情况；

2）总平面雨水排水与回收利用方式（如自然排水、市政排水，雨水回收利用的措施）。

5 室外工程设计内容及材料标准

1）设计的范围与内容（如道路、广场、停车场、围墙、小品等）；

2）材料做法和标准（可列表说明）。

【说明】第3款中，各地区的报审要求在项目、内容、报审阶段上均有所不同，而且随时间变化较大，因此难以做出统一要求，应因时因地处理对待，但一般不宜在方案、初步设计和施工图设计各阶段均大量重复叙述。

4.2.8 防空地下室设计

1 防空地下室的防护类别、防常规武器和核武器抗力级别、防化等级、工程类别、平时和战时用途。

2 防空地下室的位置、层次、建筑面积、防护单元和抗爆单元的划分及面积。

3 每防护单元的掩蔽人数，特殊工程的技术经济指标，如专业队员人数、掩蔽装备或车辆的数量、医疗救护工程的分区情况以及容纳的人数和床位数。

4 防空地下室室内外出入口的位置、数量及防护设施。

5 特殊部位的平战结合措施。临战需转换或封堵的部位及做法，包括临空墙、高出室外地面的外墙、通风井道、窗井、专供平时使用的出入口。

4.2.9 防火设计

1 总平面消防设计

1）防火间距：与内外部相邻建筑的距离；

2）消防车道：位置、形式、宽度、净空高度、与建筑外墙的距离等；

3）消防扑救面和扑救场地情况；

4）高层建筑裙房设置情况。

2　防火分区（及防烟分区）的划分

防火分区（及防烟分区）划分表，列出层位置、防火分区编号、使用性质（功能区域名称）、防火分区面积、防烟分区面积、自动喷水灭火系统等。

3　消防电梯的设置

编号、平时用途、数量、位置（使用部位）、类型、载重量、速度、服务面积、防烟室情况等。

4　安全疏散

1）安全出入口的数量：包括总出入口、疏散楼梯、大面积厅室的门等；

2）疏散楼梯间的形式：指开敞或封闭、自然排烟或机械防烟等；

5　建筑构件的防火性能；

1）防火墙、隔墙的使用部位、材料、厚度、耐火极限；

2）防火门窗、防火卷帘的级别、使用部位；

3）玻璃幕墙、金属承重结构的防火措施；

4）内装修材料的防火性能：使用部位、材料、燃烧性能、级别，或注明详室内装修做法表；

5）建筑防火封堵要求：建筑中贯穿孔口、建筑缝隙等具体部位的防火、防烟的材料、构造、耐火极限设计要求。

6　手提灭火器的设置原则和设置位置。可结合图纸表达。

4.2.10　节能设计

1　设计依据

执行的主要设计规范与标准

2　建筑围护结构能耗分类

设计项目所在地的气候分区，公共建筑和居住建筑的分类（北京地区公共建筑还应注明甲乙分类），严寒和寒冷地区应标明体型系数。建筑节能目标（%）。

3　围护结构的节能设计标准和措施（可列表描述）

1）外墙、屋面、不采暖地下室顶板、采暖地下室的地面和外墙面、接触室外空气的地顶板、不采暖区域（如楼梯间、外廊）与采暖区域之间、空调区与非空调区域之间的保温隔热的材料种类、做法及厚度；

2）外门窗、幕墙的保温隔热、空气渗透性能；

3）围护结构的平均传热系数；

4）热桥部位采取的保温或断桥措施；

5）遮阳；防风措施；

6）保温隔热材料的性能及施工构造的一般要求。

【说明】全国各地区近年针对建筑节能均可能有不同的计算表内容和格式要求，设计项目应根据各地区规定要求编制，本设计深度规定不做统一要求。

4.2.11　无障碍设计

1　无障碍设施的设计部位

总平面及建筑内部的无障碍设施的部位（如停车位、入口、水平通道、楼梯、电梯、升降平台、公共卫生间、浴室、门宽等）。

2　无障碍设施的设计标准

（如影剧院的轮椅席位、无障碍客房或居住套型的总数量以及单位数量等。）

3　无障碍设施的措施

（如台阶、扶手，室外地面坡度，电梯门宽按钮、盲文与音响等。）

4.2.12　用料说明和室内外装修

1　墙体、墙身防潮层、地下室防水、屋面、外墙面、勒脚、散水、台阶、坡道、油漆、涂料等的材料和做法。

2　室内装修部分宜用表格形式表达，注出做法或代号、面层材料、燃烧性能等级。

3　室内装修做法应注出：楼地面厚度，踢脚、墙裙高度，吊顶净高。

4　如另行委托室内装修设计，凡属二次装修的部分，应注明二次装修范围，在室内装修做法表中列出上述材料做法要求，如材料不能确定，也应列出楼地面厚度、材料燃烧性能等级、吊顶控制高度等。注明二次装修时如有对原建筑设计、结构荷载和设备设计有较大影响的改动时，应征得原设计单位和设计人员的同意。

【说明】二次装修的材料、做法等均可能为不能确定，但要求列出楼地面厚度、材料燃烧性能等级、吊顶控制高度等，其目的是为了控制结构楼板标高、防火性能以及机电设备安装后所能达到的室内净高。室内装修做法表的表格形式可参见 BIAD 设计文件共享库中的初步设计说明格式提供的样式。

4.2.13　墙体工程

本条墙体主要指现制与砌筑的实体墙、轻钢龙骨板材墙。

1　墙体类型、材料、墙体构造和技术要求

1）承重墙体：采用的材料种类（指砌块、现浇钢筋混凝土等）；

2）非承重墙体：包括外围护墙、内隔墙；

3）隔墙的砌筑高度、构造柱及圈梁、施工次序要求、墙面的阳角护角、墙体留缝处防止开裂的措施等。

2　墙体的基础做法；

3　墙身防潮、隔汽做法；

4　墙体的留洞及封堵措施（防火封堵内容见第 4.2.9 条第 5 款）；

5　墙体的物理性能另见有关章节要求。

4.2.14　楼板工程

1　楼板的留洞及封堵方式；管道竖井的封堵方式（防火封堵内容见第 4.2.9 条第 5 款）；

2　分仓缝、变形缝的构造要求；

3　降板部位及降板高度。

4.2.15　屋面工程

1　屋面形式

指平屋面（分上人和不上人屋面）、坡屋面、金属屋面、特种屋面（如种植屋面、蓄水隔热屋面、玻璃屋面等）。说明外饰面材质及颜色。

2　屋面防水等级、防水层选用的材料、保温隔热的物理性能另见有关章节要求。

3　屋面排水系统的设计

4　排水系统采用的形式：如：内排、外排明装、外排暗装等；雨水管、雨水口、雨水斗、水簸箕说明。

5　屋面工程的构造设计

1）屋面上的各设备基础的防水构造做法；

2）隔气层的设置部位、构造做法；

3）架空隔热层的高度、隔热层的进出风口设置位置要求；

4）特种屋面（如蓄水隔热屋面、种植屋面，金属、玻璃、膜结构屋面等）的性能、构造及制作要求；

5）找平层应留设分格缝要求、屋面接缝密封防水说明。

4.2.16　防水工程

1　建筑各部位防水方案

地下室外墙及底板、顶板、屋面、室内房间（卫生间厨房等）、幕墙开缝石材外墙等。

2　防水材料种类的选用及要求

包括卷材、防水涂膜、金属折板防水构件、接缝密封材料、自防水混凝土做法等。

3　防水材料选用的一般要求

认证、产品等级要求、不同种类的防水材料相容性要求。

4　防水构造的一般要求

1）基层与突出屋面结构的连接处、转角处的要求；

2）附加卷材及接缝处处理方法；

3）多种防水材料复合使用时的规定；

4）防水的房间内所有穿过防水层的构件密封要求以及附加防水层高度要求；

5）重要防水房间（如管井及配电间）排、挡水措施；

6）采用防水承包商提供的防水节点的条件。

5　防水施工要求（如施工顺序、闭水试验要求等）

4.2.17　门窗工程

类型、规格和技术性能要求，一般采用门窗表及门窗说明结合的方式表达。门窗表也可以图纸的形式表达。应包括：

1　类别、具体类型、用料、颜色；

2　门窗编号。编号宜反映出门窗特征。采用标准图的图集名称；

3　洞口尺寸和实际尺寸、分数量和总数量、使用部位。门窗种类较复杂时可以分层列出，再计算出总数；人防门窗应单独列表；

4　玻璃

1）玻璃品种及颜色、参考厚度要求；

2）门窗玻璃性能要求：可见光透过率、可见光反射率、传热系数、遮蔽系数（或遮阳系数）；

3）使用安全玻璃、防火玻璃的部位和玻璃种类。

5　开启方式（如外窗可分为内平开、外平开、推拉、上悬外倒、下悬内倒、中悬、支摘等；外门可分为平开、推拉、电动平开、旋转等）；

6 五金配件：技术要求，选用的材质、品种、颜色、开启窗锁等；

7 密封材料：密封材料特性、型材特点选用；

8 纱扇、百叶窗等的部位与形式；

9 物理性能要求。包括抗风压性能、气密性能、水密性能、保温性能分级、隔声性能分级、采光性能；

10 安全与防火要求；

11 安装要求：根据工程的具体情况加以说明；

12 其他。如内窗窗底标高、设门槛的门槛高。

【说明】门窗表的表格形式可参见 BIAD 设计文件共享库中的初步设计说明格式提供的样式。

4.2.18 玻璃幕墙工程

类型、规格和技术性能要求，以幕墙编号表（玻璃幕墙可结合门窗表）及幕墙说明结合的方式表达。幕墙编号表也可以图纸的形式表达。应包括：

1 幕墙编号；

2 总尺寸和分尺寸、分数量和总数量、使用部位；

3 类别（指单元式、框架式、点驳接式等）、用料、颜色；

4 幕墙龙骨型材、构造（一般指明框幕墙、隐框幕墙及半隐框幕墙）、龙骨颜色及表面处理方法（一般分为：阳极氧化着色、静电粉末喷涂、氟碳喷涂等）；

5 玻璃

1）玻璃品种及颜色、参考厚度要求；

2）幕墙玻璃性能要求：可见光透过率、可见光反射率、传热系数、遮蔽系数（或遮阳系数）；

3）安全玻璃、防火玻璃的种类。

6 玻璃幕墙开启方式，百叶窗等的部位与形式；

7 五金配件：技术要求，选用的材质、品种、颜色、开启窗锁等；

8 密封材料的种类、特点；

9 物理性能要求。包括风压变形性能；空气渗透性能；雨水渗透性能；保温性能；隔声性能；平面变形性能；耐撞击性能要求；防火设计（在建筑防火分区和层间等位置采取防火分隔措施）；防雷性能；抗震性能；

10 对幕墙承包商的基本要求，责任与分工。

4.2.19 金属、石材等幕墙及特殊屋面工程

1 材料，使用部位，类别（如指石材幕墙干挂开缝式、密封式等）。

2 板材品种、等级、规格、厚度、质感与颜色，板缝形式、板缝宽度等说明。

3 幕墙龙骨型材、构造（如指石材幕墙背栓式、插槽式等）、龙骨颜色及表面处理方法。

4 其他：板材吸水率；弯曲强度等要求，金属附件、密封材料的种类、特点。

5 物理性能要求。包括风压变形性能；保温性能；隔声性能；平面变形性能；耐撞击性能；防火设计（在建筑防火分区和层间等位置采取防火分隔措施）；防雷性能；抗震性能。

6　对幕墙承包商的基本要求，责任与分工。

4.2.20　电梯工程

包括电梯、自动扶梯（自动步道）等。可列表说明。

1　电梯布置和技术参数

部位、用途、是否按层数分区、功能类型、驱动类型、数量、参考厂商、型号、载重量、速度、停站数、提升高度、运行控制方式、轿厢尺寸及高度等。

2　自动扶梯（自动步道）布置和技术参数。

3　部位、排列方式、速度、每小时输送人数、倾斜角度、梯级宽度等主要参数等。

4　电梯内饰标准：电梯轿厢墙地面内饰材料、无障碍设计、门套的材质形式；自动扶梯（自动步道）的栏板、护壁板和底装饰板的材质、艺术照明要求等。

5　消防要求详第4.2.9条。

6　其余无障碍要求详第4.2.11条。

4.2.21　油漆工程

1　建筑各部位油漆工程方案

选用油漆的颜色、种类。根据需要可能包括外门窗、内门窗、门窗套，楼梯、平台、护窗栏杆扶手，室内外所有露明金属构件等。

2　油漆工程一般做法要求。

4.2.22　卫生器具的设置要求

卫生器具的选用形式、标准，选型颜色的确定方式、构造要求。

4.2.23　噪声控制设计

1　工程的隔声减噪设计标准等级（指特级、一级、二级、三级）。

2　一般房间墙身、楼板、外门窗空气声隔声量标准，楼板的撞击声隔声量标准。

3　有噪声的房间（主要为设备机房等）隔声材料选择及构造做法

包括隔墙、楼板、门窗百叶的隔声处理，设备基础的隔声减噪处理、减振构造做法，管道与管井连接处的隔声减噪处理。

4　需做特殊隔声减噪设计的房间隔声标准，隔声材料选择及各部位构造做法。

4.2.24　绿色建筑

当项目按绿色建筑要求建设时，应有绿色建筑设计说明。

1　设计依据

2　绿色设计的项目特点和定位

3　绿色设计策略和主要技术措施与具体应用

4　针对相关绿色建筑评价标准的响应与成果评价

【说明】节能设计属于绿色建筑设计的一个组成部分，考虑到多数地区要求分别列节能设计专篇，为了清晰起见，在第4.2.10条将其分别列出。

4.2.25　采用新技术、新材料的做法说明；对特殊建筑造型及相关特殊建筑构造的做法说明；其他特殊要求的专题、专项做法说明（如防灾避难、安全防范、建筑声学、建筑光学、电磁波屏蔽、防振、防腐、防爆、防辐射、防尘、清洁维护等），当建筑处于洪灾、内涝、地震、泥石流、台风等自然灾害多发区，或易受到火灾、爆炸、核辐射、污染等灾害影响时，应提供针对性的专项技术措施和做法说明。

4.2.26 有关专业设计项目的特殊说明（如影剧院、体育场馆等建筑的声学及视线设计说明；医院建筑的手术部、特种病房；交通建筑标识系统设计等）。

4.2.27 其他需要说明的问题

上述各条文未涉及的部分。可能包括如：

1 宜列出建筑材料的环保要求；主要建筑材料的环保指标限制值；

2 各类构件涂刷防腐剂或防火涂料的要求；

3 金属连接件及固定件的防腐防锈蚀处理措施；

4 不同材料会引起褪色、染色、老化或其他不良影响的材料间的处理要求；

5 某些部位的构造要求，如汽车库的防撞护角、车轮挡设置要求等；

6 设备电气管道外包板材的要求。

4.2.28 施工注意事项

1 对设计文件产生疑问、发现技术疏漏和矛盾时的处理方式；

2 对装饰装修材料、设备的选型、颜色、质感的一般要求和选用程序；

3 土建与机电专业施工时的顺序、程序。

4.2.29 设计计算书

1 应根据设计规范、技术标准和工程特点进行设计计算。其计算依据、内容、格式应符合国家、行业、地方的有关规定。

2 主要内容、格式一般应包括：计算依据及基础资料、计算工具、计算公式、简图、计算过程与步骤、结论与分析等。相关分析资料及成果资料均应作为技术文件归档。

3 按性质用途可分为对外报审和供内部使用两类。

4 可在设计说明中分项列出，也可以附件的形式与说明并列，此时需要有首页、目录。

5 主要内容及深度要求（不限于）见表 4.2.29。

建筑专业计算书主要内容及深度要求汇总表 **表 4.2.29**

计算分项			主要内容及深度要求
1	建筑面积计算	计算依据	□ 依据的规范、规定等文件名称 □ 未规定或规定不明确的各类特殊情况分类及相应计算原则说明
		单体建筑各层、各类功能分区统计汇总，多栋建筑应分别统计	□ 各层中不同功能区域的分类及面积指标 □ 各层面积指标汇总 □ 单体建筑中各功能区域的汇总
		计算过程	□ 按照不同取值标准、功能类型等进行部位分类（宜分别编号） □ 各类部位的外轮廓定位原则及取值计算 □ 各层、各功能类型的分类汇总（同前） □ 其他必要的说明
2	节能计算	计算依据	□ 依据的规范、规定等文件名称
		体形系数计算	□各特殊部位的计算分类（宜分别编号） □ 各类部位的外表面积、所包围体积的外轮廓定位原则及取值计算 □ 各部位的计算汇总与计算结论
		窗墙面积比计算、屋面透光部位的面积与屋面总面积的比值计算	□ 各单一立面/屋面的计算分类（宜分别编号） □ 各立面的窗墙面积/屋面及透光部位的外轮廓定位原则及取值计算 □窗墙面积比、屋面透光部位与总面积比值的计算汇总与计算结论

续表

计算分项			主要内容及深度要求
2	节能计算	建筑围护结构热工性能表及围护结构热工性能判定	□ 围护结构非透光部位（屋面、外墙、楼板等）的工程做法（材料、厚度等）和传热系数
			□ 围护结构透光部位和外门传热系数、太阳得热系数、遮阳做法
			□ 建筑热工性能直接判定表或建筑热工性能权衡判断计算报告
		其他	□各地方节能设计标准要求提供的其他文件
3	日照		□ 专业软件计算报告（含依据、应用软件、计算模型、结果等）
4	绿化面积与绿化率		□ 依据的规定等文件名称 □ 不同绿化类型的分类（应分别编号） □各类绿化区域的计算依据及取值标准 □计算及汇总
5	硬化面积、透水铺装面积		□ 参同绿化计算要求
6	屋面排水		□各屋面汇水面积（宜分别编号） □各汇水区水落口、雨水管、雨水沟、溢流口的数量、规格统计（宜分类编号、列表）
7	使用人数		□不同功能区域分类及其使用人数计算依据、取值标准 □ 各区域、各层的人数计算及汇总
8	防火分区		□ 设计与计算依据 □各防火分区编号及面积统计（跨层分区应分层分别统计） □ 性能化设计报告
9	疏散宽度		□ 各区（不同防火分区、功能分区等）、各层的使用人数及疏散净宽度（如房间疏散门、安全出口、疏散走道、疏散楼梯等）计算依据、取值标准 □ 各区、各层的疏散净宽度计算及汇总
10	电梯		□消防电梯从首层到顶层的运行时间 □ 推荐性：电梯等候时间专题报告
11	座位、房间类型等专项指标		□ 结合特定功能，相关数量统计的分类、分层计算及汇总
12	土方工程量		□ 土方工程平衡表（《BIAD 建筑专业技术措施》表 2.2.11-3）
13	其他（声、光、风环境、视线分析等）		□ 推荐性：相关计算模拟专题报告

注：1. 1、2、3 项及专题报告以外其余各项可根据具体情况在设计说明、图纸中表达；
2. 当采用专业软件完成计算时，应提供软件名称、版本、计算模型简图及相关数据与结论。

4.3 施工图设计图纸

4.3.1 一般规定

1 各图应标明图纸名称、比例。以下各图所列比例为规定比例，一般不应超出该范围的最小比例。当建筑规模、尺度较大，平立剖面等图纸需采用完整的形式表达时，可根据情况减小规定比例，但须另有大比例的分段、局部图纸辅助表达。

2　1：150 及 1：150 以上比例的图纸应绘制出幕墙完成面；1：50 及 1：50 以上比例的图纸应绘制出抹灰粉刷的完成面，除非在本节特别注明不需绘制的情景。

3　设计说明中已包含的内容（如内装修做法表、门窗数量表等）在图纸文件中一般不必再另行编写，除非当地行政主管部门另有要求。

4　详图索引应表示出详图所包括的绘制范围（一般应用方形虚线框），除非可以使用文字明确地表达。

5　当同一图中各部位做法相同且文字内容较多时，重复部分宜以“同××”或做法代号表示。

【说明】第 2 款中，幕墙完成面与结构主体的距离一般较大，因此应在一定比例的图纸里表达，以求真实；抹灰粉刷面厚度一般 20~30mm 左右，在 1：50 及以上比例的图纸中，应该表示出来，以便控制装修完成面的净尺寸，但在本章特别注明不需标注装修完成面尺寸的情景时可例外，主要指一些内装修要求较低的场所，如机电、仓储、加工间、动物用房等。

第 3 款中，一般应避免设计说明与图纸中的说明重复，除非当地政府主管部门另有要求，如施工图说明须以图纸的形式表达，总平面图中应附经济技术指标等。

4.3.2　总图系列

以下为一般工程所需的基本图纸内容，如工程有特殊需要，还应再增加。

1　区域位置图

建设基地在城市中的位置。标明所在区域及与主要城市干道的关系，非城市区域的建设项目标出距城市的方位及周边重要的标志物（如村镇、地理风貌等）。

本图宜单独表示，当在总平面图中表示时，应保证合适的比例，以表达清楚。

2　总平面图 1：300，1：500，1：1000

对于规划报审用总平面图应按政府规划主管部门规定的比例（一般为 1：500，1：1000）绘制，但当因建筑尺度较小难以表达完全下述内容要求时，则须另辅以放大比例的总平面（一般大于 1：500）。由多个独立子项工程（具有独立项目名称和项目编号的子项工程）组合形成的群体建筑，除应绘制建筑群体总平面图以表达整体关系外，各独立子项工程应各自绘制本子项工程总平面图，图纸比例也应适当放大。

1）原地形和地物（可单独表达，也可在总平面图上与新设计内容合并表达，表达方式应避免造成对新设计内容的辨识的不便）；

2）测量坐标网、坐标值。注明坐标及高程系统（一般不应采用场地建筑坐标值。如不得已采用，应注明与测量坐标网的相互关系）；

3）建筑基地各角点的测量坐标（可辅以定位尺寸），用地红线（道路红线）和建筑控制线的位置；

4）建筑基地周边原有及规划道路的位置（主要坐标或定位尺寸），基地外主要建（构）筑物的位置、名称、层数；

5）建（构）筑物的名称或编号、层数、定位（坐标或相互关系尺寸，包括地上地下）；

6）建（构）筑物位置一般应表示首层平面轮廓，当以屋顶平面表示时，应同时将首层平面轮廓以虚线、色度（色块填充）等方式表示出来。地下建筑、油库、水池等隐蔽工程的范围以虚线、色度等易于区别的线型图例形式表示；

7）应表示出建（构）筑物与基地周边建筑的间距；

8）建（构）筑物的层数、高度。建筑高度一般标注为室外地面至屋顶檐口或女儿墙的高度并宜予以说明；

9）防空地下室一般应单独绘制总平面图，以虚线、色度（色块填充）等方式表现出位置和范围、防护密闭门外的室内外通道并标出长度；

10）广场、停车场、运动场地、道路、汽车坡道、排水沟、挡土墙、护坡的定位（坐标或相互关系尺寸）；

11）建筑基地内外主要绝对标高，建筑室内外主要设计相对标高及与绝对标高的关系；

12）基地出入口、建筑各出入口及名称；

13）指北针或风玫瑰图；

14）建筑物使用编号时，应列出“建筑物名称编号表”；

15）如当地规划报审有明确要求，列出主要技术经济指标；

16）各地规划管理部门的其他特殊要求。

【说明】第15项中，主要技术经济指标首先应列于设计说明中，而根据各地规划主管部门的要求，主要技术经济指标一般也可能需要在总平面图中同时列出，但列举的项目根据规划报审需要可以适当减少。

3　竖向设计图1：300，1：500，1：1000（应与总平面图采用同一比例）

1）场地范围的测量坐标值；

2）场地周边的道路、地面、水面及其关键性标高；

3）建（构）筑物的名称或编号、首层平面轮廓、室内外地面设计标高、地下建筑的顶板标高及覆土高度限制；

4）广场、停车场、运动场地的设计标高；景观设计中，水景、地形、台地、院落的控制性标高；

5）道路、坡道、雨水收水口、排水沟的起点、变坡点、转折点和终点的设计标高（路面中心和排水沟顶及沟底）、纵坡度、纵坡距、关键性坐标，道路表明双面坡或单面坡；

6）挡土墙、护坡顶部和底部的主要设计标高及护坡坡度；

7）地面坡向，根据规模和地形复杂程度可采用标高法、箭头法、等高线法等多种方法之一表达。当对场地平整要求严格或地形起伏较大时，宜用设计等高线表示，且宜辅以场地剖面图；

8）指北针；

9）注明尺寸单位、补充图例。

4　土方图

在竖向设计图的基础上绘制土方图及计算土方工程量。

1）场地四界的坐标和尺寸；

2）设计的建筑物、构筑物位置（用细虚线表示）；

3）20m×20m或40m×40m方格网及其定位，各方格点的原地面标高、设计标高、填挖高度、填区和挖区的分界线，各方格土方量、总土方量；

4）土方工程平衡表见《BIAD 建筑专业技术措施》表 2.2.11-3。

5 管线综合图 1∶200，1∶300

1）总平面布置；

2）场地各角点的坐标（或注尺寸）、基地（道路）红线及建筑控制线的位置；

3）保留和新建的各管线、井、池的平面位置，注明各管线、井、池与建筑物、构筑物的距离和管线间距；

4）场外管线接入点的位置；

5）管线密集的地段应适当增加断面图，表明管线与建筑物、构筑物、绿化之间及管线之间的距离，并注明主要交叉点上下管线的标高或间距；

6）指北针；

7）注明尺寸单位、图例、施工要求（也可列于总说明中）。

6 绿化及建筑小品布置图

1）总平面布置；

2）绿地（含水面）、人行步道及硬质铺地的定位；

3）建筑小品的位置（坐标或定位尺寸）、设计标高、详图索引；

4）指北针。

7 总平面详图

道路横断面、路面结构、挡土墙、护坡、排水沟、池壁、广场、运动场地、活动场地、停车场地面等详图。

8 设计图纸的增减

1）对于地形复杂及高差较大的基地应绘制总平面竖向设计图，当工程设计内容简单、地形简单时本图可与总平面图合并；

2）当路网复杂时，可增绘道路平面图；

3）土方图和管线综合图可根据设计需要或合同规定确定是否出图。但涉外工程设计项目一般均应包括；

4）当绿化或景观环境另行委托设计时，可根据需要绘制绿化及建筑小品的示意性和控制性布置图。

【说明】管线综合图作为综合设计图，可能会由不同专业（如总图专业、建筑专业、给水排水专业等）完成，为避免规定重复和矛盾，在本深度标准中列于建筑专业部分。即使由其他专业完成，建筑专业仍应保持必要的参与和控制。

4.3.3 平面系列

1 轴网定位图 1∶100，1∶150，1∶200，1∶300

大型、复杂的建筑宜绘制轴网定位图。标明承重结构的轴线、轴线编号、定位尺寸和总尺寸；标出与总平面图相对应的坐标（当无此图时，应在平面图中表示）。

2 组合平面图 1∶150，1∶200，1∶300，1∶500

当大型建筑、单元式居住建筑等长宽尺寸较大，由于图纸规格所限，平面图无法完整表达建筑的整体形态和平面关系时，应绘制组合平面图。此时，则需相应绘制分区平面图，并符合下文第 3 款相关要求。与平面图相比，组合平面图比例可适当减小，表示内容和深度根据具体情况可适当简化，但至少应包括：

1）承重结构的轴线、轴线编号；

2）轴线间尺寸与定位、建筑外包总长、外包尺寸及与轴线的关系；

3）绘出结构和建筑主要构配件的位置；

4）注明各房间或空间、功能区域的名称；编号见本条第3款第5）项所述；

5）标出分段或单元编号；

6）室内外地面设计相对标高以及与绝对标高的关系，各层楼地面相对标高；

7）指北针（绘在首层平面）；

8）剖切线及编号（绘在首层平面）；

9）标出各层建筑面积；

10）示意分区平面图的分区界限，不应出现分区平面未涵盖的区域。

3　平面图 1：50，1：100

1）承重结构的轴线、轴线编号、尺寸和总尺寸；

2）轴线间尺寸与定位（当建筑为弧形时应标明角度和指定位置的弧长）、建筑外包总长（当标注外包总长有困难时可标注轴线总长；当平面分段表示时可标注该段轴线总长）、外包尺寸与轴线的关系；门窗洞口尺寸、分段尺寸。以上共三道尺寸；

3）墙身厚度（包括承重墙和非承重墙）、墙垛尺寸、柱和壁柱的长宽尺寸（可注典型尺寸）及其与轴线关系尺寸；

4）内外门窗位置、编号，门的开启方向；洞口高度；上下通长的窗、幕墙编号可只注底层；

5）注明房间名称或编号；各房间宜进行编号。编号方式可按类别也可按房间定为唯一属性编号；

6）绘出主要结构和建筑构配件（如非承重墙、门窗、幕墙、天窗、楼梯、电梯、自动扶梯、中庭、夹层、平台、阳台、雨篷、台阶、坡道、散水明沟、变形缝等）的位置、尺寸、编号和做法索引或详图索引；当围护结构为幕墙时，应标明幕墙与主体结构的定位关系；

7）楼地面预留孔洞和通气管道、管线竖井、烟囱等位置、尺寸和做法索引，以及墙体（主要为填充墙、承重砌体墙）预留洞的位置、尺寸与标高或高度等；

8）绘出主要建筑设备、设备机座的位置和详图索引，如卫生器具、水池、雨水管、消火栓、配电盘等与设备电气专业有关的设备的位置，标注消火栓、配电盘的尺寸和距地高度（也可编号后统一说明）；

9）表示固定家具的位置和详图索引，如隔断、台柜等的位置；可自由分隔的大开间建筑平面宜绘制平面分隔示例系列；

10）车库的停车位（不应绘为汽车轮廓）和车辆中轴的通行路线；

11）特殊工艺要求的土建配合尺寸；

12）绘出有特殊要求的主要厅、室的室内布置（如观众厅、多功能厅、公共厨房、标准客房、病室等）。也可另在平面详图中表示；

13）平面节点详图可绘在平面图中，但通常建议另行表示；

14）室内、外地面设计相对标高以及与绝对标高的关系，各层楼地面相对标高；
15）指北针（绘在首层平面）；
16）剖切线及编号（绘在首层平面）；
17）标出各层（段）建筑面积；需要时宜标出各房间使用面积；
18）列出各类建筑设计规范要求计算的技术经济指标（也可在说明中列出）；
19）改造项目应用合适的图例表示出改造的范围（将改造与非改造部分的墙体、门窗等进行区别）。宜附原设计图；
20）各分区平面图应配有分区组合示意图，并明显表示本分区部位编号；
21）当用地紧张、建筑（包括地下部分）贴邻建筑红线建造时，应在首层和地下各层平面绘出建筑红线位置；
22）对于紧邻的原有建筑，应绘出其局部的平面图；
23）图纸的省略：楼层标准层可共用同一平面，但需注明层次范围及各层的标高；楼层平面与底层相同的尺寸不应省略；对称平面的对称部分的内部尺寸可省略，对称轴部位用对称符号表示，但轴线号不得省略；
24）与详图的关系：如已在详图范围表示的内部尺寸、非固定家具和设备可以省略，但应有表示出详图部分与其他部分关系的定位尺寸。
25）平面图中非其直接下层的可见平面轮廓线不应重复绘制。

【说明】当限于建筑长宽尺寸、图纸规格的条件所限，确有困难时，平面图可采用1：150的比例。

4　平面详图 1：20；1：30，1：50

绘出有特殊要求或标准的厅、室的室内布置（如家具布置等）；居住建筑户型平面图；也可根据需要选择绘制标准层、标准层核心筒、标准单元或标准间、观众厅的放大平面图及室内布置图。

下列各项规定为典型举例，除此以外，其余要求不应低于本条第 3 款平面图的规定。当无平面详图时，平面图绘制深度则应符合本款各项规定：

1）固定和活动的设施与家具；
2）排水沟、地漏，排水方向、坡度；
3）居住建筑应绘出套内主要房间的家具及设备布置，标出各房间使用面积、阳台建筑面积。当单元套型对称时，可将房间布置与面积标注分别对称表示；
4）当符合制图比例规定时，标准层核心筒平面详图可以替代楼梯、电梯、卫生间详图的平面部分；
5）设备及电气机房、厨房等要求另见其他条文规定。

5　防火分区平面图 1：100，1：150，1：200，1：300

用合适的图例表示建筑平面或空间的防火分区和防火分区分隔墙位置和面积，宜单独成图，各防火分区应编号；当平面分区简单时，也可在平面图中附以小比例的示意图表示，示意图应在不同防火分区间的分界线等重要部位处标注轴线及其编号，以适当表达其总体的定位关系。如为一个防火分区，可不另注防火分区面积。

6　活动灭火器布置图

根据设备专业提供的数量和布置原则要求，绘制活动灭火器布置图，列出灭火器的类型表。本图也可与平面图合并表示，此时灭火器的类型表可列于设计说明中。

7　屋顶平面 1：100，1：150，1：200

绘出女儿墙、檐口、天沟、坡度、坡向、雨水口、屋脊（分水线）、变形缝、楼梯间、水箱间、电梯间、天窗、屋面上人孔、检修梯、室外消防楼梯、溢流口及其他构筑物，绘出冷却塔、风机等室外设备的位置和基础，必要的详图索引号、标高等；超大规模建筑或表述内容单一的屋面可适当缩小比例绘制。

如为退台式屋面，上述详细内容应表示在首次出现层平面上，在其余层可视再现时一般应省略，仅表示女儿墙。

4.3.4　立面系列

1　立面图 1：100

1）建筑端部或转折及重要部位的轴线和编号；

2）立面外轮廓及主要结构和建筑部件的可见部分，如女儿墙顶、檐口、柱、变形缝、室外楼梯和垂直爬梯、空调机搁板、阳台、栏杆、台阶、坡道、花台、雨篷、烟囱、勒脚、门窗、幕墙、洞口、门头、雨水管，以及其他装饰构件、线脚和粉刷分格线等。注出关键控制尺寸或标高；

3）外墙的留洞应注尺寸与标高或高度尺寸（宽×高×深及定位关系尺寸）；

4）总高度尺寸、各楼层层高、室内外高差、屋顶檐口或女儿墙高度、屋面突出物高度、门窗洞口高度尺寸。注三道尺寸线，如仍有不能表示全的部分，应加注局部尺寸；各道尺寸均应与层高发生关联；

5）室内外地坪、各层以及屋顶檐口或女儿墙顶、屋面突出物标高；

6）立面各类面层材料做法代号及名称，分格、颜色，构造节点详图索引；

7）在平面图上表示不出的窗编号，应在立面图上标注；

8）门窗、幕墙应表示开启部位和方式；

9）绘制各方向立面，立面转折较复杂时也可为展开立面。内部院落或看不到的局部立面，可在相关剖面图上表示，若剖面图未能表示完全时，则需单独绘出；

10）幕墙系统的表示（一）：当采用玻璃、石材、金属板等幕墙系统作为围护结构时，应表示出完成面，尺寸以及与层高的关系；

11）幕墙系统的表示（二）：当幕墙系统作为非围护结构（装饰性幕墙）时，根据项目具体情况，尺寸标注位置可以是完成面，也可以是围护结构，但应同时表达出完成面与围护结构（结构墙、砌块填充墙等）之间的关系。也可在立面详图中表达；

12）对于紧邻的原有建筑，应绘出其局部的立面图；

13）当有组合平面图时，应绘制组合立面图，表达深度可适当简化。

14）立面图（组合立面图）应与平面图（组合平面图）采用同一比例。当平面图采用 1：150 比例时，立面图可采用 1：150 绘制。

2　立面详图 1：20；1：30；1：50

1）当出现下列情景之一时需要绘制立面详图：建筑物尺度较大导致基本立面图比例过小，需分段表达；建筑立面细部复杂；为配合表达外墙详图；

2）立面详图应在满足本条第 1 款的深度要求的基础上，绘出全部结构和装饰构件、线脚和分格线，注出尺寸及定位；

3）应表示出幕墙系统完成面的尺寸，注出与围护结构（结构墙、砌块填充墙等）之间的尺寸关系。

【说明】当幕墙系统为非围护结构（装饰性幕墙）时，表示完成面还是结构面的尺寸，存在两种不同意见。仅表示结构面尺寸，设计初期控制简单，结构尺寸整齐，土建施工也较方便，但缺点是对完成面的位置难以有效控制，这对于讲求对位的立面效果是难以保证的；反之，表示完成面的尺寸，因为先确定了完成面的位置，再反推导出结构面的尺寸，正与施工的顺序相反，无论对于设计人还是施工方都是有一定难度的，特别是当围护结构为钢筋混凝土墙时，为了避免后期剔凿，需提前留出合适的洞口或边缘尺寸，这需要较丰富的经验和基本的幕墙设计知识。为了达到高完成度的建筑设计目标，本设计深度规定确定了控制最终完成面尺寸的要求。

设计实践中，采用将结构面用虚线绘出，再标注与完成面的关系的尺寸，是一种值得推荐的方法。这通常需要有足够的绘制比例才能表达清楚。

门窗、幕墙应表示开启部位和方式，这是本深度规定特别加强要求的地方，目的是在立面图中通过开启位置清晰的表达，用以直观地判断安全性、操作性、通风面积，避免以往仅在门窗立面详图上表示造成比对不便的弊病。

4.3.5 剖面系列

1 剖面图 1：100

1）剖视位置应选在层高不同、层数不同、内外部空间比较复杂，具有代表性的部位；

2）承重墙、柱的轴线及编号；

3）剖到和看到的各部分内容，包括主体结构（含基础）、主要构造做法完成面（楼地面、屋面、室内吊顶控制线等）、各类建筑构造部件等（其中还应包括各类固定设施设备等，如防火卷帘、屋面大型设备示意及各类维修设备等）；

4）高度尺寸。包括外部尺寸：总高度、层间高度、室内外高差、屋顶檐口或女儿墙（栏杆、栏板）高度、屋面突出物高度、门窗洞口高度；内部尺寸：地坑（沟）深度、隔断、内窗、洞口、平台、吊顶、栏杆、栏板的高度等；

5）标高。主要结构和建筑构造部件的标高，如地面、楼面、平台、吊顶、屋面板、屋面檐口、女儿墙顶、高出屋面的建筑物、构筑物及其他屋面特殊构件等的标高，室外地面标高；

6）平面中未予表示的节点构造详图索引号；

7）对于紧邻的原有建筑，应绘出其局部的剖面图；

8）当有组合平面图时，应根据需要绘制组合剖面图，表达深度可适当简化。

9）剖面图（组合剖面图）应与平面图（组合平面图）采用同一比例。当平面图采用 1：150 比例时，剖面图可采用 1：150 绘制。

2 剖面详图 1：50，1：100

建筑空间局部不同处以及平面、立面图均表达不清的部位，需绘制局部剖面，称为剖面详图。当采用 1：100 比例时，深度要求同剖面图；当采用 1：50 以及以上比例时，深度要求同外墙详图。

【说明】房间名称根据需要确定是否标出，本条不做统一规定。

4.3.6 详图的通用规定

本条为详图的通用规定，适合于各类详图。详图可分为构造类、配件和设施类、装修类。由于实际建筑工程的复杂性，以下第4.3.7~4.3.20条所列详图的种类并不能涵盖所有可能出现的部位、功能等，但可参照此标准执行。

1 承重墙、柱的轴线及编号。

2 如为局部节点，应以内容明确的名称和索引表达出其部位或定位关系。

3 剖到和看到的各类墙体、建筑构件。

4 绘制详细做法。

5 层标高、吊顶标高。当有重复表达的平立剖面时，标高应列全，也可另列表表示。

6 标注细部尺寸。尺寸标注的位置一部分详图是结构面或填充墙面，另一部分详图则为装修完成面（当为装修完成面时，也可同时标注出与结构面或填充墙面的关系），使用时应注意甄别。

7 当详图中已表示有轴线、层高时，次一级尺寸应与轴线、层高发生关联。

8 注出索引的图、图集信息；索引号应同时能表现出与原索引出处图的关系。

9 剖切位置和剖切号。

【说明】第8款规定了反索引的关系。保持可追溯性，使每一级详图和节点都能清楚地反映出原索引出处，能在很大程度上方便各方的使用者。反索引的具体表达方式将在《BIAD制图标准》中做详细规定。

4.3.7 外墙详图

选择有代表性部位绘制外墙详图。剖视位置应选在空间比较复杂、具有代表性的部位。按照表达方式，一般可分为外墙剖面详图和外墙平剖面系列详图。

1 外墙剖面详图 1∶20

1）剖到和邻近看到的各部分内容，包括结构、建筑构造部件、吊顶、装饰层、粉刷层等；

2）尺寸：总高度尺寸、各楼层层高、室内外高差、屋顶檐口或女儿墙高度、门窗洞口尺寸，外部注三道尺寸线；如有仍不能表示全的部分，应加注局部尺寸；各类墙体厚度、结构和构造部件尺寸及定位；各竖向、水平尺寸均应分别与层高、轴线发生关联；

3）室内外地坪、各层以及屋顶檐口或女儿墙顶、屋面突出物标高；

4）宜注明房间名称或房间编号；

5）外墙的各部位的全部材料名称及做法标注，做法代号和构造节点详图索引；

6）宜注出室内各部位的做法及做法编号；

7）排水方向、坡度；

8）各层内容相同的，可以合并为一层表示；

9）尺寸所表示的部位：应与立面尺寸体系相协调。当装饰面为粉刷层时，应表示结构面、填充墙面；当装饰面为幕墙时，应表示到完成面；

10）幕墙体系的要求：当外墙、屋面为幕墙体系时，为表达基本设计意图和为专业设计公司或生产承包商提供基本的技术要求，应绘制外饰及各层的材料做法（材料名称、做法与厚度）、框料及分格、龙骨与连接件示意、控制尺寸。

2　外墙平剖面系列详图 1∶20，1∶30，1∶50

将平面、立面、外墙三者详图同时表示在同一图面的做法。当采用 1∶50 比例表示全貌时，应配有不低于 1∶20 比例的外墙局部节点详图。平面、立面详图的设计深度要求同前述的相应章节。

【说明】第 2 款，外墙平剖面系列详图是一种将平面、立面、外墙三者详图同时表示的做法。它将构造与外观结合，更有利于清晰而直观地表达外墙设计意图，以及复杂的完成面与结构面的关系，值得推荐采用。由于表达全貌带来的比例限制又不利于表达细部，因此规定应配以大比例的节点详图。

4.3.8　楼梯详图

1　楼梯平面、楼梯剖面 1∶20，1∶30，1∶50

1）平面名称用编号、层位置或标高位置限定；

2）剖到和看到的各类墙体、建筑构件。被墙体等遮住的部分应用虚线表示；

3）标注尺寸：轴线和轴线内分段共两道尺寸，净尺寸标注应为装修完成面；各类墙体厚度，门洞口尺寸；楼梯、梯井、休息平台的宽度；踏步宽度、高度；栏杆（板）的梯跑高度和水平高度；

4）层标高和所有休息平台板标高；

5）平面上下跑方向；

6）当完全重复时，平剖面均可合并表示，但各层标高应标注完整。

注：楼梯的结构配筋不应在建筑专业的楼梯详图中表示。

2　节点详图 1∶1，1∶2，1∶5，1∶10，1∶20

当栏杆、扶手、踏步未采用标准图时，应绘制节点详图。

【说明】楼梯栏杆扶手无论是选用标准图集还是自行设计，均应绘制完全，以便于做安全、美观、无障碍等方面的判断。当需要进行二次装修设计时，可不绘制完全，但至少也应表示出基本的控制尺寸和提出必要的构造要求。

4.3.9　电梯、自动扶梯、自动步道详图 1∶20，1∶30，1∶50

根据已选定的设备供应方提供的样本和技术参数为依据，按照建筑设计的要求，绘制供加工订货的详图。应重点表示设备与建筑物的关系，表示需要建筑设计控制的部分。

当尚不能确定供应方时，应说明土建设计暂按某公司型号样本参数设计，待供应方确定后再进行核对，并以供应方提供的土建技术条件图作为最终的施工图设计依据，建筑师应另行绘制反映供应方提供的参数的施工预埋件或预留孔洞的施工图作为施工依据。

反映了设计要求以及技术参数和指标要求的说明部分，一般可在施工图设计说明中表示，但为便于与图纸内容作对比，宜同时在图中附有少量说明。

1　电梯详图

1）绘制井道、机房、梯坑的平面、剖面等详图，确定梯坑深度、顶层高度，井道尺寸、轿厢尺寸及高度，标注尺寸、标高，并提供电梯选型表，提出电梯的编号、部位、类别、数量、层数、额定载重量、额定速度、控制方式、是否消防电梯、无障碍要求等技术参数要求；

2）表示基本构造做法，如导轨埋件、预留孔洞、厅门牛腿、机房工字钢（或混凝土梁）和顶部检修吊钩等，层数指示灯及上下按钮留洞位置等；

3）表示装修做法，如厅门门套、轿厢内饰的位置、水平与净高尺寸、材料名称及做法设计等；

4）宜表示艺术照明的部位及要求。

2　自动扶梯、自动步道

1）绘制平面、纵剖面（必要时可加横剖面）等详图，确定梯坑深度、提升高度，提供扶梯、步道选型表，提出其编号、部位、类别、数量、层数、每小时输送量、额定速度、最大倾斜角度、水平运行梯级、控制方式、无障碍要求等技术参数要求，注明自动扶梯的布置排列形式（如并联、平行、串联、交叉式等）；

2）标注尺寸、标高，注出与相邻的建筑构件的水平、垂直距离；

3）表示基本构造做法，如埋件、桁架与建筑结构的关系、防火措施等；

4）表示装修做法，如护栏、侧板、踏板的位置、尺寸、材料名称及做法设计等；

5）宜表示艺术照明的部位及要求。

【说明】电梯、自动扶梯、自动步道作为一种工业产品，具有成品的特点。既要反映生产厂商产品的通用特质，也应体现建筑师对该设备产品的使用要求，以便控制加工。常见的问题是设计人仅仅根据电扶梯产品样本图册提供的基本图和技术参数，加上简单的层数、标高控制，绘制电扶梯详图和编写技术性能表。这样做是远远不够的。首先是电扶梯供应商的技术参数一般有多种选择，需要建筑师提出具体要求，其次，更重要的是有很多内容是电扶梯供应商未提供或很不确定的，如电梯的轿厢内饰材料、门套材料、无障碍要求、土建要求（如通风、隔声、减振、检修、排水）、装饰照明要求、特殊的电梯加工要求等。又如自动扶梯、自动步道与结构的关系、土建要求、梯裙板装修及照明要求等。因此均需建筑师绘制与生产厂商提供的图纸目的有很大区别的详图，以充分表达设计意图。

尽管大多数情景为后补出图，但电扶梯最终的施工依据应为建筑设计方的施工图或施工洽商，而非电扶梯供应商提供的技术图纸（通常表示埋件与留洞）等，这是设计责任决定的。

4.3.10　卫生间详图

公共卫生间详图 1∶20，1∶30，1∶50　住宅户内、酒店客房类卫生间详图 1∶20，1∶30

1　平面

1）平面名称用编号、层位置或标高位置限定；

2）卫生洁具、轻质隔断；

3）标注尺寸：轴线和轴线内分段共两道尺寸，净尺寸标注应为装修完成面；各类墙体厚度，门洞口尺寸，卫生洁具之间以及与墙面的定位，轻质隔断的定位，铺砌块材的分格及定位；

4）各层标高；

5）绘出镜子、挂钩、烘手器、把手、洗衣机（住宅建筑）等的位置，注明名称并宜注出定位尺寸；

6）绘出地漏位置、排水方向和坡度；

7）用虚线表示无障碍设计的轮椅回转范围。

2 立面

1）卫生洁具、厕位轻质隔断、吊顶；

2）标注尺寸：吊顶净高，洁具垂直方向的定位、铺砌块材的分格及定位尺寸，其余尺寸同平面要求；

3）各层标高和吊顶标高；

4）绘出镜子、挂钩、烘手器、把手等的位置，注明名称并宜注出定位尺寸。

3 吊顶平面

1）吊顶分格及尺寸定位；

2）灯具、风口等设施及其名称或图例、定位尺寸或定位原则；

3）吊顶标高；

4）平面中已表达的卫生洁具、厕位轻质隔断等内容一般不用再需表示，否则用虚线或色度轻的线型表示。

4 管线综合图

住宅建筑、酒店建筑客房应在平立面图的基础上绘制卫生间管线综合图，注出图例。管井部分绘制要求见第 4. 3. 17 条第 3 款。其他公共建筑宜绘制。

4. 3. 11 公共建筑厨房详图 1：20，1：30，1：50

1 平面

1）当已有专业顾问公司配合设计时，可参考其工艺设计要求进行房间布置，绘出厨房设备（操作台、灶具、洗池设施等）位置示意；

2）当尚无专业顾问公司配合设计时，应进行基本的土建设计，预留条件，包括设置工作人员的更衣、厕所和淋浴设施，厨房基本的功能分区房间划分、流线设计、排油烟、排风路由以及可能为排水而需结构降板等；

3）标注尺寸：轴线和轴线内分段共两道尺寸，净尺寸标注可为结构完成面；各类墙体厚度，门洞口尺寸，轻质隔断的定位，铺砌块材的分格及定位；

4）注明主要厨房设备名称；

5）绘出排水沟（地漏）位置、排水方向和坡度。

2 立剖面

1）宜绘制立剖面详图；

2）标注尺寸：吊顶净高，厨房设备垂直方向的定位、铺砌块材的分格及定位尺寸，其余尺寸同平面要求；

3）标出各层标高和吊顶标高；

4）注明主要厨房设备名称。

3 吊顶平面

1）吊顶分格及尺寸定位；

2）灯具、风口等设施及其名称（或图例）、定位尺寸（或定位原则）；

3）吊顶标高；

4）平面中已表达的厨房设备内容一般不用再需表示，否则用虚线或色度轻的线型表示。

【说明】目前厨房多由专业厨房公司等进行详细工艺设计，但由此产生建筑设计深度不足的问题很普遍，如仅仅绘出厨房的范围。由于建筑设计如不进行基本的土建设计配合，会给后期工艺设计带来种种困难。对此，本条规定了建筑设计必须具备的设计深度。

4.3.12 住宅户内厨房详图 1∶20，1∶30

1 平面

1）进行房间功能布置，绘出厨房设备（操作台、灶具、洗池、抽油烟机、吊柜等）位置示意；

2）表达出通风换气、排油烟路由等设施内容；

3）标注尺寸：轴线和轴线内分段共两道尺寸，净尺寸标注应为装修完成面；各类墙体厚度，门洞口尺寸，厨房设备尺寸及定位，铺砌块材的分格及定位；

4）注明必要的厨房设备名称。

2 立剖面

1）绘制各方向立剖面详图；

2）标注尺寸：吊顶净高，厨房设备垂直方向的定位、铺砌块材的分格及定位尺寸，其余尺寸同平面要求；

3）标出各层相对标高和吊顶标高；

4）注明必要的厨房设备名称。

3 吊顶平面

1）吊顶分格及尺寸定位；

2）灯具、风口等设施及其名称或图例、定位尺寸或定位原则；

3）吊顶标高。

4 管线综合图

在平立面图的基础上绘制管线综合图，注出图例。

【说明】住宅建筑厨房详图设计应达到满足精装修布置的基本深度，尽管施工时有可能是二次装修，但也应通过详图设计达到预留好条件的要求。

4.3.13 设备机房详图 1∶20，1∶30，1∶50

1 设备机房可能包括变配电室、发电机房、冷冻机房、空调机房、泵房、锅炉房、热交换站、燃气调压站、气瓶间、计算机与网络机房等。

2 根据机电专业或专业公司提出的工艺要求，进行土建配合设计，内容可包括排水沟、电缆沟和电缆夹层、预留洞、结构降板等。

1）绘出设备机房中机电设备的轮廓和定位、设备机座的定位、设备基础的尺寸与定位；

2）绘出排水沟、电缆沟和电缆夹层、预留洞口；

3）其他标注尺寸：轴线和轴线内分段共两道尺寸，净尺寸标注可为结构完成面；各类墙体厚度，门洞口尺寸；

4）设备沟、地漏的排水方向和坡度；

5）宜注明主要设备名称。

3 如正式出图前仍未能取得专业工艺要求，应首先根据经验预留必要的土建条件（尤其是面积、层高、是否结构降板等），并予以说明待后补图完成。

4 根据需要绘制立剖面详图。

【说明】设备机房要求绘出机电设备是为了防止发生机房数量、面积、层高过于浪费或不够的现象。本图应在机电专业或其他专业设计公司的设计基础上完成。

4.3.14 门窗详图系列

1 门窗立面详图 1∶20，1∶30，1∶50

1）绘出门窗样式、开启方式与开启方向；

2）有门套装修的门应表示出贴脸样式；

3）同一窗中如玻璃种类不同，应表示出具体部位；

4）标注尺寸：一般应至少标出门窗洞口尺寸、窗分格尺寸或必要的门细部尺寸共两道；当周围相邻面为幕墙时，还应标出门窗洞口尺寸（结构）、门窗的净尺寸以及与洞口尺寸的关系、窗分格尺寸或必要的门细部尺寸共三道；

5）门窗编号，宜注出类型、类别；

6）门窗表、门窗说明中已表达的内容可不再表示。

2 门窗平面详图 1∶20，1∶30，1∶50

当采用多道组合门、转角门窗、凸窗、弧形门窗时，应根据需要绘制平面详图。标注尺寸参见立面要求。

3 节点详图

当因设计造型或技术上有特殊意图需要，而不能直接采用通用标准的或材料供应方提供的节点时，应绘制节点详图，重点表达反映出设计意图的构造和尺寸，并注明最终以材料供应方提供的产品节点为准。

【说明】本条门窗详图主要指门窗立面详图，以往设计方通常需要绘制节点施工图，随着工厂化、专业化的发展，现多由专业公司绘制，故本条除特殊节点外不做规定。

4.3.15 玻璃、石材、金属幕墙详图系列

1 幕墙立面详图 1∶20，1∶30，1∶50

1）绘出玻璃幕墙分格、门和可开启窗的开启方式与开启方向，幕墙与周边洞口、结构墙（填充墙）的关系；

2）同一窗中如玻璃种类不同，应表示出具体部位；

3）标注尺寸：一般应至少标出幕墙洞口尺寸、分格尺寸或必要的细部尺寸共两道，并应标出幕墙的净尺寸以及与结构（填充墙）洞口尺寸的关系；

4）标出轴线号、层高并表示出尺寸与轴线、层高的关系；

5）列出玻璃幕墙编号，并宜注明使用部位；其他幕墙宜列出幕墙编号；

6）门窗（幕墙）表、幕墙说明中已表达的内容可不再表示。

2 幕墙平面详图 1∶20，1∶30，1∶50

当采用平面转折幕墙、弧形幕墙、采光天棚以及需要控制幕墙的平面定位时，应绘制平面详图。标注尺寸参见立面要求。平面详图应与立面详图成组排列。

3 幕墙节点详图

根据需要绘制构造节点详图，内容包括面层、龙骨和连接件示意、填充材料等，重点表达与相邻部位的构造关系，防火、防水、保温隔热、隔声、安全防护等要求以及其他的建筑设计的特殊构造要求。

幕墙节点当采用与外墙剖面同时的表达方法时，详见第4.3.7条。

【说明】幕墙节点详图现多由幕墙专业公司绘制，本条未做过高的规定，但涉及与建筑设计有关的艺术、功能方面的特殊要求时，则需表示清楚，因为通常幕墙专业公司不需要或不专长于这部分内容。

4.3.16 汽车坡道详图

1 汽车坡道平面详图 1∶20，1∶30，1∶50

1）平面名称用编号、层位置或标高位置限定；

2）剖到和看到的各类墙体、建筑构件。局部被墙体等遮住的部分应用虚线表示；

3）标注尺寸：轴线和轴线定位尺寸；墙体厚度、定位尺寸及洞口尺寸；坡道及口部宽度、曲线坡道和最小车道内半径尺寸；各坡段（坡道中线）的坡长及坡度、变坡点标高；坡道横坡及其坡度；

4）标注坡道内车行方向；

5）绘制道牙、排水沟、返坡、结构缝、卷帘及相关安全防护、隔离等设施；标注名称、定位尺寸、做法或索引；

2 汽车坡道剖面详图 1∶20，1∶30，1∶50

1）剖到和看到的各类墙体、建筑构件。局部被墙体等遮住的部分应用虚线表示；

2）标注尺寸：轴线和轴线定位尺寸；墙体厚度，洞口高度尺寸；剖到和看到的建筑构件的定位尺寸；剖切位置各坡段的坡长及坡度、坡段端部变坡点标高；坡道最低处及口部净高尺寸；

3）坡道面层做法或索引。

4.3.17 吊顶详图系列

凡设置有吊顶的房间均应绘制吊顶详图。当建设方另行委托精装修设计或另进行二次装修时，宜绘制基本的吊顶平面图，重点控制吊顶标高、机电设施的基本布置等。

1 吊顶平面图 1∶20，1∶30，1∶50，1∶100

1）吊顶分格及尺寸定位；

2）灯具、风口、喷头、烟感、广播等设施的图例、定位尺寸（或定位原则）；

3）上述设施的图例绘制宜保持直观效果，较大尺度的设施如灯具、风口等宜按真实比例绘制，不宜直接采用机电专业的图例表示方法；

4）吊顶标高；

5）标出房间名称或编号，绘制墙体及其门窗洞口位置，但不需标注尺寸；

6）家具、不到顶的轻质隔断等内容一般不用再表示，否则用虚线或色度轻的线型表示；

7）对于大空间需要在其后进一步进行房间分隔的情况，宜绘出可能的和建议的隔墙位置。

2 吊顶剖面图 1∶20，1∶30，1∶50，1∶100

当吊顶剖面关系比较复杂，仅用吊顶平面图难以表达清楚时，应绘制吊顶剖面图。

1）楼板、梁、柱等结构、构配件的剖切线和可视线；

2）吊顶面层的轮廓线；

3）层高、净高、吊顶内高度尺寸；

4）吊顶标高；

5）大型吊挂式灯具等；

6）精装修的剖立面图的绘制要求另行规定。

3　吊顶节点详图

当采用标准图集难以表达设计准确意图时宜绘制。包括以下内容：

1）必要的结构、构配件的剖切线；

2）吊顶面层轮廓线、龙骨及连接件；

3）局部尺寸及吊顶标高；

4）剖到的灯具、风口等设施；

5）做法及索引。

【说明】在传统的建筑设计内容中，吊顶设计是必不可少的内容。随着专业化分工的发展，精装修、二次装修已十分普遍，在基本设计施工图完成后，再另行设计。即使这种情况，本规定仍建议绘制出吊顶平面图，其目的是通过各专业配合，有助于确定或限制室内净高和二次装修的隔墙建议位置。否则在精装修设计时，很容易发生吊顶净高不足或因装修公司机电设计经验欠缺造成不符合规范要求的现象。

4.3.18　室内管线综合图系列

公共建筑宜绘制室内管线综合图（住宅建筑、旅馆客房另有规定）。本条的涉及范围主要指吊顶内部（无吊顶时指顶棚下方）、竖向管井，其余部分可根据需要绘制。

1　管线平立剖面图1：50，1：100，1：150

1）用管线图例表示管线的种类、走向、组合关系；

2）注出管线的主要控制标高和大型管道尺寸；

3）除通风排烟管道、电缆桥架外，可不按实际比例绘制；

4）表示范围可以为全部，也可以是局部如走廊等管线集中部位。

2　管线局部剖面图1：10，1：20，1：30

1）绘制典型局部剖面节点；

2）应按比例绘制管线图例。小直径管道绘出外径；风道、电缆桥架在各专业所提供的净尺寸基础上绘出外轮廓，充分考虑支架、珐兰盘、管道保温层、龙骨、吊杆等所占用空间的关系；

3）注出管线的尺寸、直径以及管线之间的距离，主要控制标高；

4）注出管线名称或编号。

3　竖向管井平面图1：10，1：20

绘制管井内部平面，注出管线的尺寸、直径以及管线之间的距离，表示检修门、孔位置及尺寸。当管井内仅为设备管线时，本图则一般由设备专业绘制并且列于其目录中。

【说明】随着建筑技术的发展，建筑物内各类机电管线越来越多而复杂，如不进行认真仔细的排列组合设计，不仅会产生不符合机电规范的现象，还会因吊顶空间紧张导致室内净高过低或空间利用不足导致浪费，露明管线排列混乱不美观，造成大的施工返工，甚至无法解决，难以使用；管井也如此，面积过大造成空间浪费，过紧或管线排列顺序不合理造成检修困难。由于这种现象较为常见，因此本规定特意进行了专门的要求，在施工图设计中逐步推广绘制。

以往机电专业会同建筑、结构专业在进行了图纸会审后，也分别进行了绘制，但由于不是综合图，准确性会受一定影响，而且未能从根本上体现建筑专业对其的有效控制。

在实施过程中如有困难，也可由其他专业绘制，但为了体现建筑专业的参与和控制，图纸归类宜列于建筑专业目录中并最终对其负责。同理，为避免规定重复和矛盾，在本深度规定中也列于建筑专业部分。

4.3.19 防空地下室系列详图 1∶20，1∶30，1∶50

1 各类室外出入口的平、立、剖面详图及构造详图。

2 防空地下室口部的平、剖面详图及构造详图。包括进排风口部、洗消间、防爆波电缆井、需临战封堵或转换的部位等。绘出各部位细部尺寸、材料做法、临战封堵做法。

3 封堵材料及存放位置，必要时增加封堵构件统计表。该内容也可以在防空地下室平面图或设计说明中表示。

4.3.20 其他详图

1 主要指其他条文里未涉及的局部节点详图，包括的内容可能有水池、集水坑、变形缝、游泳池、特殊的屋面工程（包括金属、玻璃、膜结构、种植屋面等）的构造、内墙详图（室内部分的墙身）、室外设施等。

2 局部节点详图绘制应表示出索引的出处。

3 绘制比例根据需要确定，以表达清楚为目的，本条不做统一规定。

【说明】各类详图的绘制要求均应满足4.3.6条中关于详图的通用规定。当项目有明确的绿色建筑评价等级的目标要求时，应根据需要，补充绘制必要的构造详图，配合其他平、立、剖面图、详图等，系统落实各项绿色技术措施。由于本部分详图的种类丰富和不确定性，本版的深度规定未进行详细的要求。以后如有可能，再逐步分门别类地予以更详细的规定。

结构专业篇

结构专业篇

目录

1　投标方案设计

1.1　一 般 规 定

1.1.1　应为建筑方案设计提供结构专业技术支持，保证建筑投标方案在结构概念上可行和相对合理，并尽可能通过创新和采用新结构、新技术、新材料，提高建筑投标方案设计水准。对重大、复杂和特殊工程的结构方案，简要阐述其可行性、合理性和经济性。

【说明】投标方案设计阶段的工作主要是配合建筑设计人员创作出结构可行的建筑方案。应尽可能通过专业配合使建筑方案在结构上相对合理，避免由于方案阶段结构极不合理造成经济上的严重浪费。

1.1.2　输出设计文件为设计说明，必要时辅以简图。

1.1.3　应向建筑专业和其他专业提供可能采用的结构形式，以及主要结构构件的布置及估算尺寸等，配合建筑专业确定层高、柱网和进行房间布置。

【说明】应要求建筑专业提供满足内部作业要求的基本方案图。建筑专业提供的基本方案图应包括各层平面、立面、主要剖面图等，其深度应满足初步布置结构方案和估算主要构件的要求。结构专业应充分与建筑专业沟通，尽可能明了建筑专业的方案创作意图，通过结构技术手段支持甚至提升建筑方案设计水平。

1.2　投标方案设计说明

1.2.1　主要设计依据

1　采用的主要法规和国家及地方结构设计标准、规范、规程的名称及代号。

2　建设方提出的书面要求。

1.2.2　各单体建筑物的结构设计标准

1　结构设计使用年限和安全等级。

2　建筑物的抗震设防类别和抗震设防烈度。

3　主要的使用荷载标准值，风荷载、雪荷载等。

4　概述建筑物所在地与结构设计有关的其他资料。

注：本条的设计标准是根据本篇第1.2.1条所列设计依据确定。当建设方书面要求中没有给出结构设计使用年限和特殊荷载标准值等设计参数时，在进行可行性分析和多方案比较时，设计人员可按常规设计和以往工程经验初步假定相关设计参数并加以说明。

1.2.3　结构设计

1　对各单体建筑物拟采用的结构体系进行简要叙述。

2　说明拟采用的主要结构材料和新结构、新技术、新材料、新工艺。

注：文字说明难以表达清楚时辅以简图。

3　对复杂和特殊工程，进行可行性分析。

1.2.4 设计人员认为需要特别说明的其他问题

2 方 案 设 计

2.1 一 般 规 定

2.1.1 应为建筑方案设计提供结构专业技术支持，配合建筑方案深化设计对结构方案进行调整和优选，保证建筑方案在结构概念上可行和相对合理，并尽可能通过创新和采用新结构、新技术、新材料，提高建筑方案设计水准。对重大、复杂和特殊工程，为确保结构方案的可行性、合理性和经济性，必要时进行结构初步试算和方案对比。

【说明】建筑方案设计和方案深化设计时，应尽可能通过专业配合使建筑方案在结构上相对合理，避免由于方案阶段结构极不合理造成经济上的严重浪费。

2.1.2 输出设计文件为设计说明，必要时辅以简图。

2.1.3 应向建筑专业和其他专业提供可能的结构形式、相关位置的梁柱截面估算尺寸及剪力墙可能位置，配合建筑专业确定层高、柱网和进行房间布置。

【说明】应要求建筑专业提供满足内部作业要求的基本方案图。建筑专业提供的基本方案图应包括各层平面、立面和主要剖面图等，其深度应满足初步布置结构方案和估算主要构件的要求。结构专业应充分与建筑专业沟通，尽可能明了建筑专业的方案创作意图，通过结构技术手段支持甚至提升建筑方案设计水平。

2.2 方案设计说明

2.2.1 设计依据

1 采用的主要法规和国家及地方结构设计标准、规范、规程的名称及代号。

2 建设方提出的书面要求。

2.2.2 各单体建筑物的结构设计标准、抗震设防有关参数和与结构设计有关的其他资料

1 结构设计使用年限、结构设计基准期和安全等级。

2 抗震设防有关参数，包括建筑物的抗震设防类别、抗震设防烈度、设计基本地震加速度等。

3 主要的使用荷载标准值，风荷载、雪荷载和特殊使用荷载等。

4 人防设施的人防类别和抗力等级。

5 对需要考虑温度作用的超长和大跨等结构，说明计算温度作用的标准。

6 概述所了解到的建筑物所在地与结构设计有关的其他资料。

注：本条的设计标准应根据本篇第 2.2.1 条所列设计依据确定。当建设方书面要求中没有给出结构设计使用年限和特殊荷载标准值及温度作用等设计参数时，在进行可行性分析和多方案比较时，设计人员可按常规设计和以往工程经验初步假定相关设计参数并说明。

2.2.3 结构设计

1 对各单体建筑物拟采用的结构体系进行简要叙述，包括结构体系、主要柱网尺寸和防震缝、伸缩缝、沉降缝的布置方案等。宜简要阐述结构方案特点，说明特殊结构及关键技术问题的解决办法；有条件时阐述基础方案和持力层。

2 说明拟采用的主要结构材料，包括混凝土、钢筋、预应力筋、钢材、砌体及其他特殊的材料。

3 说明新结构、新技术、新材料、新工艺的应用情况、理由和可行性，必要时说明论证批准情况。

注：文字说明难以表达清楚时辅以简图。

4 对于需要进行可行性分析的复杂和特殊工程，说明结构初步试算所采用计算软件名称和版本，列出典型楼层简图和主要计算结果摘要，并进行可行性分析。

5 对特殊、复杂、重大工程应进行多方案比较，列出各种可行结构方案的优缺点、技术指标和经济指标（必要时）以及比较结果，阐述拟采用结构方案的理由。

6 方案深化设计时，宜对关键问题以及非常规设计和超出规范规定范围的内容，重点说明并阐述拟采用的对策和技术措施，如平面不规则、竖向刚度的突变、超长、超高、超大跨度等。

7 按照绿色建筑标准进行设计的项目，设计依据中应列入相关规范和标准，说明绿色建筑设计的目标，采用的与结构有关的绿色建筑技术和措施。

【说明】第3款适用于采用新结构、新技术、新工艺的工程。

2.2.4 设计人员认为需要特别说明的其他问题

如：因有关结构设计资料不全造成结构方案中不能最后确定的部分；是否需要进行场地地震安全性评估和风洞、振动台等试验。方案深化设计时，可对相邻建筑物的影响和保护、建筑场地内是否可能有大面积挖填方、建筑场地周围的河流的影响等情况加以说明。对可能需要进行抗震设防专项审查或其他专项论证的项目，应明确说明。

3 初步设计

3.1 一般规定

3.1.1 应根据已批准的方案设计文件，通过与建筑专业和其他专业的配合及对各单体建筑物的初步计算，完成上部结构和地基基础的结构布置及特殊关键节点的构造做法设计。结构初步设计应尽量实现建筑方案的理念和满足建筑功能与使用要求。

3.1.2 应通过精心设计和必要的经济指标分析及方案优化，确保初步设计的安全和相对经济合理，尽可能通过创新和采用新结构、新技术、新材料使初步设计达到技术先进。对重大、复杂和特殊工程，必要时进行可行性分析和结构方案对比。

3.1.3 输出设计文件为设计说明书和图纸。超限高层建筑应依照《超限高层建筑工程抗震设防专项审查技术要点》完成申报材料，隔震、消能减震设计或其他需要专项论证设计内容应完成相应审查报告。

【说明】通过结构专业设计说明书和图纸，对设计条件、结构体系、创新的结构设计理念和所采用的新技术、新材料进行详尽阐述，对结构布置及特殊关键节点的构造做法进行准确的表达。

3.1.4 应向其他专业提供各楼层结构布置平面图（包括主要梁、柱、墙的尺寸、位置和标高）。宜与建筑和其他专业共同确定较大设备的运输路线和预留孔洞。当其他专业施工时可能影响已施工的结构构件的承载力，如在结构钢构件上焊接挂件，应要求其他专业与结构专业协商确定可行的解决方案并对其他专业提出相关控制要求。

【说明】应要求建筑专业提供满足内部作业要求的基本作业图。应要求其他专业提供与结构构件设计有关的荷载大小和位置，以及影响结构构件布置的管线、孔洞等设计资料。

建筑专业提供的基本作业图应包括各层平面、立面和主要剖面图，其深度应满足结构初步设计的结构布置和估算构件的要求。

要求其他专业提供的与结构构件设计有关的荷载包括：锅炉房、水池、水箱、烟囱、卫星天线等主要设施的荷载及设置位置；变压器、发电机、冷却塔、冷冻机等大型设备的安装位置及其运行重量；大直径支、吊挂水管，等等。

影响结构构件布置的较大管线、孔洞包括：主要管线（如风管、大量集中排布的电缆）的走向，梁上穿洞大致尺寸和位置，混凝土结构墙上宽度不小于600mm 的洞口，楼板上长度不小于1000mm 的洞口，无梁楼盖托板和柱上板带处的管线、孔洞，以及密集布置的管线、孔洞，等等。

3.2 初步设计说明

3.2.1 结构工程概况

对结构工程进行简单描述，包括工程地点、周边环境（如轨道交通）、使用性质，各单体（或分区）建筑的水平尺寸和建筑总高度，地上及地下层数，人防设施概况，与±0.000 设计标高相对应的绝对标高等。

人防设施概况包括：防空地下室所在层数，防空地下室的战时功能和平时功能，防护类别，防护单元划分以及各防护单元的防常规武器和防核武器抗力级别，人防顶板覆土厚度。

3.2.2 设计依据

1 采用的法规和国家及地方结构设计标准、规范、规程的名称及代号。

2 建设方提出的书面要求。

3 批准的方案设计文件、专家论证会的会议纪要。

4 建筑物所在地与结构设计有关的资料（名称、编号、编制方和编制日期），包括相应的岩土工程地质勘察报告或初步勘察报告等，必要时包括设防水位咨询报告、风洞试验报告、场地地震安全性评价工程应用报告、气象温度资料（最高及最低日平均温度和月平均温度）等其他相关资料。

注：当设计资料不全或不能满足设计要求时，应对初步设计文件相关部分设计的暂缺或假定设计

条件加以说明，并明确提出补充相关资料的要求。如暂无勘察报告或工程地质勘察报告不能满足设计要求，应对基础设计暂缺部分或所参考的周边相邻建筑地质资料加以说明，并应明确提出勘察或补充勘察要求。

3.2.3 各单体建筑物的结构设计标准、抗震设防有关参数和使用荷载应根据第3.2.2条所列设计依据确定，主要内容包括：

1 建筑结构安全等级（结构重要性系数）；

2 结构设计使用年限、结构设计基准期和结构的耐久性要求（包括混凝土构件的环境类别等）；

3 建筑防火分类和耐火等级；

4 地基基础设计等级；

5 建筑桩基设计等级；

6 地下工程的防水等级；

7 抗震设防有关参数，包括建筑物的抗震设防类别、抗震设防烈度、设计基本地震加速度、建筑场地类别、设计地震分组、拟建场地的特征周期、结构阻尼比、地震影响系数、钢筋混凝土结构的抗震等级等；有场地地震安全性评价工程应用报告时，应说明该报告的建议，并说明地震动参数取值原则；对于复杂或特殊工程说明性能化抗震设计的控制目标；

8 列出建筑物楼面、屋面各部位的正常使用荷载标准值、特殊设备荷载、允许的施工荷载、积灰荷载标准值、吊车荷载标准值、基本雪压（注明基准期）、基本风压（注明基准期和地面粗糙度类别），说明需要限定的特殊使用荷载及其适用范围；

9 对需要考虑温度作用的超长和大跨等结构，说明计算温度作用的标准；

10 其他特殊荷载。

3.2.4 场地工程地质和水文条件

应根据第3.2.2条所列设计依据，对工程所在地区的工程地质和水文地质简况进行描述，着重说明场地的特殊地质条件，对本场地不良地质状况进行分析并说明处理措施。主要内容包括：

1 场地标准冻深；

2 地层土质概述、主要土层的压缩模量和地基承载力（或桩基设计参数）；

3 地基土有液化可能时对本场地地基土层地震液化程度的判定；

4 场地的特殊地质条件（如地基土冻胀性和融陷情况、软弱地基、湿陷性黄土、膨胀土、滑坡、溶洞、抗震的不利地段等）；

5 场区地下水埋藏情况、勘探水位、历年最高水位、近3~5年最高水位、抗渗设计和抗浮设防水位、地下水和场地土的腐蚀性等；

6 勘察报告和专家论证会关于地基基础方案分析建议，包括本场地不良地质状况分析及处理措施。

3.2.5 结构设计

应对结构方案及其设计理念进行详尽阐述，重点阐述设计中不同于一般常规设计的特点、创新点、所采用的新技术和新材料、超过规范和规程范围的部分以及采取的相应对策。主要内容包括：

1　结构选型

对各单体建筑物结构体系及其设计理念进行详尽阐述，包括结构体系、主要节点和支座形式、防震缝和伸缩缝的布置方案等。钢结构为主或包含较多钢结构时，概述采用钢结构的部位及结构形式、主要跨度等。

2　地基与基础设计

1）对建筑物各部位的地基基础方案及其设计理念进行详尽阐述，包括各部分的基础形式及埋置深度、持力层名称及相应的地基承载力；

2）桩基础应明确桩基形式、桩的类型、桩端持力层名称、桩端进入持力层深度及设计要求的单桩极限承载力等；

3）地基加固处理方案应明确地基加固处理形式和地基加固后的地基承载力标准值和最终变形值的控制要求等；

4）必要时说明基础侧限控制措施、地质灾害防治措施等。

3　建筑物的沉降控制、差异沉降控制和沉降缝或沉降施工后浇带设置的情况

由于地基土较软或地基土不均匀和建筑物上部荷载差异较大可能导致建筑物沉降或倾斜较大时，需详尽阐述所采取的减小建筑物沉降或倾斜的措施，包括上部结构和基础刚度的调整及沉降缝或沉降施工后浇带设置的情况等。当需要进行建筑物沉降或倾斜控制时，应说明沉降或倾斜控制标准和是否需要进行沉降观测。

4　地下工程的防水做法及建筑物的抗浮措施

说明对地下工程围护结构构件的防水抗渗要求。当地下水位较高需进行建筑物抗浮设计时，应对建筑物各部位的抗浮措施进行详尽阐述。采用压重时，应说明压重材料的容重要求；采用抗拔桩或抗拔锚杆时，应说明抗拔桩或锚杆的类型、长度及单桩或单根锚杆的抗拔极限承载力等。应说明与抗浮设计相关的施工要求，以及采用基坑施工降水方案时停止降水时间的确定要求。

5　针对超长结构所采取的抗裂控制措施

当结构长度超出规范和规程限值时，应详尽阐述所采取的抗裂控制措施，并说明施工后浇带的设置情况。

6　关键问题及其解决方法

阐述该结构设计中不同于一般常规设计的特点及采用的对策，包括为满足特殊使用要求所作的结构处理，针对特殊部位、复杂情况和超过规范和规程范围的部分所采取的特别措施等。例如：对复杂情况如平面不规则、竖向刚度的突变、结构转换层、加强层、错层、连体结构、多塔楼结构、超高、超限、大跨度等的特别措施；对特殊空间结构的说明；对深基础、特殊地质条件和不良地质现象的处理措施；对重要的非常规节点连接方式的考虑等。对需报审查部门审查的超限建筑，应进行可行性论证，同时要让建设方了解需付出的经济代价，并应按相关规定准备有关送审材料。

7　技术创新

详尽阐述结构设计中所采用的新结构、新技术、新材料和新工艺的应用情况、应用理由及可行性，说明拟采用的特殊分析方法、试验手段等等。

3.2.6　结构材料

叙述主要结构材料及特殊材料的选用，主要包括：

1　主要结构混凝土构件采用的混凝土强度等级，轻骨料混凝土的密度等级和强度等级，基础和地下室及人防部分防水混凝土的抗渗等级，以及采用预搅拌混凝土的要求；

2　砌体结构砌体的种类及其强度等级、干容重，砌筑砂浆的种类及强度等级，砌体结构施工质量控制等级，以及采用预搅拌砌筑砂浆的要求；

3　耐久性要求，包括各部位混凝土构件的环境类别及其耐久性要求；

4　主要采用的钢筋、预应力筋和钢材规格，以及钢筋和钢材的连接材料的规格；特殊材料或产品（如成品拉索、锚具、铸钢件、成品支座、阻尼器等）的说明；

5　建筑围护结构和轻质隔墙材料的类型及相应的强度等级，包括建筑围护结构和轻质隔墙材料的容重要求、砌体强度等级、砌筑砂浆的种类和强度等级等；

6　钢结构的防腐与防火要求，包括防腐涂层的耐久性（防腐年限）、耐温性和良好的附着力，构件的防火分类等级及耐火极限，防火涂料类型及产品要求等；

7　采用特殊材料时应有相关说明。

3.2.7　结构分析

1　上部结构整体计算的基本原则、计算标准

主要说明对偶然偏心和双向水平地震作用下扭转影响的考虑，地震作用方向取法，采用的分析方法（如弹性时程分析、弹塑性分析等），必要时列出荷载组合工况。

2　上部结构整体计算时采用的计算程序（名称、版本和编制方）

复杂结构或重要建筑应至少采用两种不同的计算程序。

3　上部结构整体计算模型（必要时附计算模型主要简图）

包括梁、板、剪力墙、钢支撑的截面规格和钢结构支座以及计算模型底部嵌固端位置等。

4　上部结构整体计算的主要结构特征参数和主要控制性计算结果等

主要结构特征参数包括地震作用修正系数、抗震等级、结构阻尼比、地震影响系数（不同于规范时）等。主要控制性计算结果可以图表方式表示；对计算结果超限的主要部分应进行必要的分析和说明。

【说明】主要结构特征参数和主要控制性计算结果的内容可参照住房与城乡建设部发布的专项审查技术要点及审查部门的深度要求。

5　基础计算

说明基础计算采用的计算程序（名称、版本和编制方），并列出主要计算参数取法、计算模型和主要计算结果；当进行地基与基础和上部结构协同计算等特殊计算时，应说明计算原则；必要时提供抗倾覆验算、地基变形验算。

6　构件计算采用的计算程序（名称、版本和编制方）

3.2.8　结构多方案比较

当需要进行多方案比较时，列出各种可行结构方案的优缺点以及各方案技术指标和经济指标（必要时）的比较结果，阐述所采用结构方案的选择理由。

3.2.9　对施工的特殊要求以及对施工方和构件供应方的资质及能力的要求

3.2.10　对于采用消能减震技术的工程，在设计说明中应补充下列内容：

1　采用的相关法规、国家及地方设计标准、规范、规程的名称及代号；

2　应对工程采用的消能减震方案进行阐述，明示消能减震部件的类型特点、技术指

标、布置方式，并明确消能减震部件的主要参数；

3 消能减震结构计算时采用的计算程序（名称、版本和编制方）；

4 消能减震部件的本构模型及性能目标；

5 消能减震结构主要的计算结果（如附加阻尼比等）。

3.2.11 对于采用隔震设计的工程，在设计说明中应补充下列内容：

1 采用的相关法规、国家及地方设计标准、规范、规程的名称及代号；

2 对工程采用的隔震方案进行阐述，重点阐述隔震层位置，隔震支座、阻尼装置的类型及布置和隔震目标；

3 通过与建筑专业和其他专业的配合，明确竖向交通、管线及隔震缝的构造要求，提出隔震支座的防火要求；

4 明确隔震结构计算时采用的计算程序（名称、版本和编制方）；

5 明确隔震支座、阻尼装置及隔震层的本构模型；

6 提供隔震支座及阻尼装置的主要技术参数；

7 隔震结构主要的计算结果（如水平减震系数、罕遇地震下的隔震层水平位移、隔震层的抗风验算、隔震层偏心率的估算等）和隔震支座的拉压应力状态，及隔震层以下结构变形验算结果等；

8 明确隔震缝的尺寸要求。

3.2.12 按照绿色建筑要求进行设计建设的项目，应有绿色建筑设计专篇

1 依据的绿色建筑设计规范和标准；

2 绿色建筑设计目标；

3 按照设计星级所有控制项、评分项及加分项的要求，阐述采取的各项措施。

3.2.13 其他需要说明的内容

1 必要时应提出的试验要求，如风洞试验、振动台试验及节点试验等。

2 进一步的地质勘察要求、试桩要求等。

3 尚需建设方进一步明确的要求和提供的资料。

4 提请设计审批时需解决或确定的主要问题。

5 设计人员认为需要特别说明的其他问题，如对相邻建筑物的影响和保护、建筑场地内是否有大面积挖填方、建筑场地周围的河流的影响、建筑场地上原有建筑物的拆除等等情况加以说明。

3.3 初步设计图纸

3.3.1 对于特别简单工程，可以不提供设计图纸，但应在结构总说明中对主要结构构件尺寸进行较为详细的介绍。

【说明】特别简单工程指：平面和竖向规则且各层构件布置简单的 2 层以下（含 2 层）结构。如符合上述条件的砖混结构、混凝土框架结构和钢框架结构，简单的门式刚架结构以及屋架采用标准图的简单单层排架结构等。

3.3.2 采用桩基时，应有初步的桩位布置图，至少应有桩的直径、总根数和设计要求的单桩极限承载力的说明。

3.3.3 基础平面图应包括独立基础或条形基础的平面尺寸和高度，桩基承台的平面尺寸和高度，基础拉梁或基础梁的布置和尺寸及基础板厚度等。

3.3.4 应有各楼层和屋面结构平面图，当条件允许时应有出屋顶部分结构平面图。包括各楼层结构构件的布置，墙、柱、梁的规格或尺寸，楼板的厚度等。

3.3.5 必要时应绘制主要的结构剖面和构造详图。如：典型结构剖面详图，特殊、关键结构部位的构造简图，特殊、关键构件和节点的初步构造图，新型结构的构造要求及节点简图等。

3.3.6 图纸均应注明结构构件的定位尺寸、控制标高。沉降缝、防震缝、温度缝、后浇带的位置和宽度应在相应的平面图中表示。

3.3.7 对于采用消能减震设计的项目，应增加消能减震装置部件的平面图和立面图，以及与主体结构连接的典型节点详图；

3.3.8 对于采用隔震设计的项目，应增加隔震支座、阻尼装置及隔震缝的平面布置图；给出包括隔震沟、楼电梯、出入口等部位的与隔震缝有关的典型构造详图；以及隔震装置的典型节点构造详图，包括安装在隔震层的支座及连接件、阻尼装置及连接件、水平及竖向限位装置等。

3.4 内 部 作 业

3.4.1 与建筑及其他专业配合确定结构设计方案（结构形式及布置）。

3.4.2 确定地基处理（复合地基）及基础设计方案。

3.4.3 结构计算应有：

1 结构整体计算；

2 地基基础初步计算，必要时沉降估算；

3 特殊和关键结构部位的计算，包括相关专业对结构构件截面尺寸及布置有限制时应进行的必要计算。

3.4.4 对重大、复杂和特殊工程应进行可行性分析和结构方案对比。结构方案比较内容包括各种可行结构方案的优缺点以及各方案技术指标和经济指标的比较，也包括不同结构方案对其他专业的影响。

3.4.5 当特别简单工程未提供设计图纸时，应向经济专业提供编制概算所需的结构简图及附加的文字说明。

【说明】本节简要概括了初步设计阶段结构专业应进行的全部工作。按照第3.2节、第3.3节要求，部分工作成果应准确表达在输出设计文件中，其余成果作为初步设计内部使用和用于审查。

3.5 超限高层建筑抗震设防专项可行性论证报告深度要求

3.5.1 超限高层建筑应提供可行性论证报告，深度应符合住房与城乡建设部及地方发布的专项审查技术要点及审查部门的要求。

3.5.2 超限高层建筑应严格执行规范、规程的强制性条文，应根据其超限情况及类别，提出比现行规范、规程的规定更严格的、更有针对性的抗震措施或预期性能目标。

3.5.3 应按审查部门的要求说明工程概况、设计依据、设计条件和参数以及地基基础设计，并清晰表述建筑结构体系和主要结构布置特点。

3.5.4 应说明结构超限类别及程度。

1 高度超限分析

高度超限指房屋按结构类型及所属的高度级别，进行超限分析。

2 不规则情况分析

对照专项审查技术要点参照各简表的不规则类型或是否为特殊类型高层建筑，列表分析并说明不规则的范围和程度。

3 屋盖超限分析

应说明屋盖的跨度、悬挑长度、结构单元总长度、屋盖结构形式与常用结构形式的不同、支座约束条件、下部支承结构的规则性等，对超出相关规范及审查要点规定的情况分析。

4 超限情况小结

汇总超限的项目和超限的程度。

3.5.5 应详细阐述超限设计的措施及对策

1 高度超限和不规则超限项目：

1）超限设计的加强措施

应根据烈度、超限程度及构件在结构所处部位及破坏影响的不同，区别对待并综合考虑，明确对抗震等级、内力调整、轴压比、减压比及材料强度等方面的加强措施。

根据结构实际情况，采用增加芯柱、约束边缘构件、型钢混凝土或钢管混凝土构件，以及减震耗能部件等提高延性的措施。

抗震薄弱部位应在承载力和细部构造两方面有相应的综合措施。

2）关键部位、构件的预期性能目标

根据结构超限情况、震后损失、修复难易程度和大震不倒等确定抗震性能目标。

确定小震、中震、大震或某些重现期的地震作用下结构、部位或结构构件的承载力、变形、损坏程度及延性要求。

2 屋盖超限项目：

1）超限设计的加强措施

保证主要传力结构杆件刚度的连续性和均匀性，并采取设计加强措施。关键杆件在重力和中震组合下，以及重力与风荷载、温度作用组合下的应力比控制要比规范规定适当加严。保证特殊连接构造在罕遇地震下的安全，对于复杂节点应进行详细的有限元分析，必要时应提出试验验证要求。当结构形式复杂时应做屋盖结构连续倒塌分析。

严格控制屋盖结构支座由于地基不均匀沉降和下部支撑结构变形（含竖向、水平、收缩徐变等）导致的差异沉降。对支座水平作用力较大的结构应注意抗水平力基础的设计。

2）关键部位、构件的预期性能目标

明确屋盖结构的关键杆件、关键节点和薄弱部位，提出保证结构承载力和稳定的具体措施。对关键杆件、关键节点及其支撑部位（含相关的下部支撑结构构件）提出性能目标。屋盖支座的承载力和构造在罕遇地震下应安全可靠。下部支撑结构关键构件不应先于屋盖破坏。

3.5.6 应进行超限抗震设计的计算及分析论证。通过不同软件的比较，针对超限情况按照下列有关的款项进行技术可行性论证。

1 计算软件和计算模型

计算所用各个软件的名称和版本，计算模型的基本假定，必要时给出整体计算模型示意图。

2 结构单位面积重力和质量分布分析（后者用于裙房相连、多塔、连体等）。

对主楼与裙房相连、多塔、连体、错层、加强层等质量沿高度变化明显的结构，不同软件的质量沿高度分布图及比较；分析平均单位面积重力。

3 动力特性分析

不同软件的主要周期及其对应的主振动方向的比较分析（列表）；扭转周期比分析；特别是多塔、连体、错层等复杂结构和大跨屋盖，应说明振型的特点或局部振型，必要时提供振型图。

4 位移和扭转位移比分析（用于扭转位移比大于1.3和分块刚性楼盖、错层等）

最大扭转位移比大于1.3时，提供不同软件层间位移和考虑偶然偏心的扭转位移比沿高度分布图并标注规定限值。对弹性楼板、分块刚性楼板和错层的层间位移、扭转位移比，应查出楼板四角在两个方向的电算数据再用手算复核；必要时用楼层平面示意图标出扭转大的位置及其层间位移，论证其可行性。

5 地震剪力系数分析（用于需调整才可满足最小值要求的情况）

提供不同软件结构底部、分塔底部、连体下一层或关键楼层地震剪力系数比较分析（列表）。不满足最小值要求时，应详细列出有关楼层及整体结构的调整方法，不应只调整不满足的楼层。

6 整体稳定性和刚度比分析（后者用于转换、连体、错层、加强层、夹层等）

刚度不均匀时，提供不同软件刚度比沿高度分布图及比较。高位转换层刚度比、错层按实际情况复核的刚度比、连体分塔顶标高处的总侧向刚度（分开单塔在连体底标高处施加单位水平力计算）、地下室顶板嵌固条件件分析。

7 多道防线分析（用于框剪、内筒外框、短肢较多等结构）

不同软件、不同方向框架部分（或短肢墙）所承担剪力和倾覆力矩沿高度分布图及变化情况（基底、分塔底和各框支层、转换层上下层，最大比例楼层、最大值楼层和突变位置）分析。

8 轴压比分析（底部加强部位和典型楼层的墙、柱轴压比控制）

底部加强部位相邻上一楼层和典型楼层的墙、柱轴压比的平面分布图及混凝土构件所需约束措施分析。

9 弹性时程分析补充计算结果分析（与反应谱计算结果的对比和需要的调整）

给出波形名称和图形、峰值加速度值；不同波形及反应谱法的底部剪力、分塔底部剪力和最大层间位移比较（列表）；楼层剪力、层间位移沿高度分布图（各波形应利用线型或彩色线条予以区分）及比较分析，明确最不利设计工况。

10 特殊构件和部位的专门分析（针对超限情况具体化，含性能目标分析）

主要包括：

1）整体稳定分析；钢结构构件应力比统计分析；

2）转换构件、框支柱、穿层柱、墙体底部加强部位、加强层伸臂、连体（或高位大跨、长悬挑结构）及其支座竖向地震的分析；出屋面构架分析等；

3）性能设计需给出主要构件偏压（偏拉）和受剪承载力中震弹性、中震不屈服，或大震截面剪应力控制等的计算参数、分项系数、材料强度取值和配筋率、配箍率、含钢率分析等；

4）弹塑性分析应按实际配筋计算，并给出弹塑性参数，等效简化模型的周期、总地震作用、最大层间位移等与弹性模型小震（或假想弹性大震）计算结果的对比和分析（列表）、整体刚度衰减的变化（可通过顶点位移变化曲线示意）；

5）风力控制的结构，列出风载的底部剪力和倾覆力矩、最大层间位移，以及舒适度指标等；

6）隔震和消能减震的效果分析（当采用了隔震或消能减震技术时）；

11 屋盖结构、构件的专门分析（挠度、关键杆件稳定和应力比、节点、支座等）

明确所采用的大跨屋盖的结构形式（包括支座约束条件、下部支承结构的规则性等），给出具体的结构安全控制荷载、作用效应组合和控制目标；

对于非常用的屋盖结构形式，给出所采用结构形式与常用结构形式在振型、内力分布、位移分布特征等主要方面的不同。整体结构计算分析时，应考虑下部支承结构与屋盖结构不同阻尼比的影响，分析屋盖和下部支承结构的相互作用，超长结构应有多点地震输入的分析。若各支承结构单元动力特性不同且彼此连接薄弱，必要时应有整体计算与分开单独计算的比较；对关键部位、构件的预期性能目标是否能达到进行论证。

12 控制作用组合的分析和材料用量预估（单位面积钢材、钢筋、混凝土用量）。

3.5.7 总结：

对所采取的加强措施做全面小结，明确实现预期性能目标的技术、经济可行性。对需要在施工图阶段进一步解决的问题，包括模型试验等提出建议。

3.5.8 结构设计计算书应符合下列要求：

应包括软件名称和版本，力学模型。

电算的原始参数：设防烈度和设计地震分组或基本加速度、所计入的单向或双向水平及竖向地震作用、周期折减系数、阻尼比、输入地震时程记录的时间、地震名、记录台站名称和加速度记录编号，风荷载、雪荷载和设计温差等。

结构自振特性：周期、扭转周期比，对多塔、连体类和复杂屋盖含必要的振型。

整体计算结果：对高度超限、规则性超限工程，含侧移、扭转位移比、楼层受剪承载力比、结构总重力荷载代表值和地震剪力系数、楼层刚度比、结构整体稳定、墙体（或筒体）和框架承担的地震作用分配等；对屋盖超限工程，含屋盖挠度和整体稳定、下部支撑结构的水平位移和扭转位移比等。

主要构件的轴压比、剪压比（钢结构构件、杆件为应力比）控制等。

3.5.9 除按审查部门要求提供相关建筑图纸，尚应提供下列结构图纸：

基础（含桩位）平面布置；

楼层结构平面布置图，应标出梁柱截面尺寸和墙体厚度；转换层平面图，应绘出竖向构件上下转换的位置；

加强层、连体等给出支撑布置的立面图；型钢混凝土柱、钢管混凝土柱等特殊构件绘出截面形式；混合结构中绘出典型梁与柱连接节点、梁与墙连接节点和支撑节点。以及其他特殊加强做法的构造详图。

屋盖结构主要平、剖面，关键连接节点及支座的构造大样等。

4 施工图设计

4.1 一 般 规 定

4.1.1 应根据已批准的初步设计文件，通过与建筑专业及其他专业的配合和协调统一，以及对各单体建筑物详细的结构计算，完成施工图设计。

4.1.2 应通过精心设计使施工图做到安全适用、技术先进、经济合理。

4.1.3 输出设计文件为设计说明书、施工图设计图纸和计算书（内部归档）。

【说明】通过结构专业设计说明书和施工设计图纸，对设计条件、结构体系、采用的结构材料及其使用要求、结构的防护措施和对施工的特殊要求等进行详尽说明，对结构布置和结构构件及节点的做法进行详细准确的表达。

4.1.4 应向其他专业提供各楼层结构布置平面图（包括梁、柱、墙的尺寸、位置和标高），必要时提供反映构件相对位置的主要剖面详图。应配合其他专业预留穿地下室外墙的防水套管和穿人防外墙的密闭套管。结构施工图应说明没有绘制的那部分预留管线和洞口的预留要求，以及施工时与相关专业配合的要求，应与建筑和其他专业共同确定较大设备的运输路线和预留孔洞。

【说明】应要求建筑专业及时提供满足施工图设计内部作业要求的作业图。对于使用中有特殊要求的部位，应要求其他专业提供与结构构件设计有关的荷载大小和位置，以及影响结构构件布置、结构构件承载力或钢筋配置的管线、洞口等设计资料。

建筑专业提供的作业图应包括各层平面、立面、剖面图及相关详图，其深度应满足结构计算和绘制施工详图的要求。

要求其他专业提供的与结构构件设计有关的荷载包括：锅炉房、水池、水箱、烟囱、卫星天线等主要设施的荷载及设置位置；变压器、发电机、冷却塔、冷冻机等大型设备的安装位置及其运行重量；大直径支、吊挂水管等等。

影响结构构件承载力或钢筋配置的管线、孔洞包括：所有梁、柱上的预留管线、孔洞；混凝土结构墙和楼板上预留的可能影响钢筋配置的尺寸较大的管线、洞口（如直径或长边不小于300mm），以及密集布置的洞口和大量集中排布的管线、电缆等等。

4.1.5 应配合其他专业完成设备基础、混凝土水池、管沟等构筑物以及电缆夹层和建筑内大型支吊架（或设计合同要求设计的建筑周围室外大型设备支架）的设计。应配合电气专业在电气专业输出设计文件中说明接地处所利用的结构基础、护坡桩等结构钢筋的规格及连接要求。应配合其他专业设计结构构件上的主要预埋件，并对其他专业可能影响构件承载力的做法，如在结构钢构件上焊接挂件等，提出控制要求。

注：当建筑内大型设备支吊架（或设计合同要求设计的建筑周围室外大型设备支架）由不具备相应设计资质的材料加工承包方或施工方设计时，结构设计人员应对其施工图的安全性进行审核、确认并负责，施工图应归档。当设备产品自带支吊架时，则 BIAD 设计人员仅负责对与支吊架相连的结构构件进行验算，不对支吊架的自身安全负责，并以书面形式告知建设方。

4.1.6 向人防工程施工图审查机构提供的防空地下室结构施工图设计文件应包括：

1 图纸目录

与上部建筑统一编制施工图设计文件时，图纸目录需列出包括上部建筑和防空地下室在内的整个工程的全部图纸；防空地下室施工图报审时，图纸目录需单独编制，列出与防空地下室有关的全部图纸。图纸目录应先列出新绘制的图纸，后列出选用的标准图和重复利用图。

2 结构设计说明

每一单项工程应编写一份结构施工图设计说明，对多子项工程宜编写统一的结构施工图设计说明。若防空地下室与其上部建筑为同一子项，可与上部建筑的结构设计说明合写，也可专门列一小节，说明人防结构设计的内容。防空地下室施工图设计文件报审时，宜提供审查使用的防空地下室施工图设计说明（具体内容要求详见第 4.2.15 条）。

3 结构平面图及配筋图

包括：基础底板平面及梁、板配筋；采用桩基础时，桩的平面布置图、承台平面图及配筋；防空地下室中间楼板和顶板平面及梁、板配筋；墙、柱平面及配筋等。

4 结构构件详图

包括基础详图、战时各入口详图、连通道详图、通风口详图、口部门框墙详图、防爆波电缆井详图、防倒塌棚架详图、平战功能转换详图等。

5 防空地下室结构计算书（具体内容要求详见第 4.4.16 条和第 4.4.17 条）

4.1.7 与幕墙等专项设计承包商配合设计时应要求其具备相应设计资质，并应要求设计承包方书面提供其在主体结构上预埋件布置和作用在主体结构上的荷载，并加盖设计承包方项目结构负责人章、签字及设计承包方公章（该文件作为文字资料随全部设计文件归档）。BIAD 设计人员应根据所提供的预埋件布置和荷载负责验算主体结构及相关构件的承载力，保证主体结构安全。BIAD 设计人员应对主体结构构件影响较大的关键预埋件的设计进行复核，并根据主体结构情况提出对预埋件确切位置和具体构造的要求。对大跨度索网幕墙等复杂幕墙的预埋件设计，BIAD 设计人员应充分重视，并认真设计和绘制与其相连处（包括与拉索相连处）的主体结构构件构造详图。

4.2 施工图设计说明

4.2.1 每一单项工程应编写一份结构设计说明，对多子项工程宜编写统一的结构施工图设计说明。当工程以钢结构为主或包含较多钢结构（包括钢骨结构）时，宜根据下列相关条款要求另行编制钢结构设计说明专篇。

4.2.2 结构工程概况

同第3.2.1条。

4.2.3 结构体系和地基基础形式

1 详细说明本工程各部分的结构体系和地基基础形式，说明基础埋置深度、持力层名称及相应的地基承载力。

2 桩基础应明确桩基形式、桩的类型、桩端持力层名称、桩端进入持力层深度及设计要求的单桩极限承载力等。

3 钢结构为主或包含较多钢结构时，概述采用钢结构的部位及结构形式、主要跨度等。

4 有抗浮要求时应明确抗浮措施，包括：采用压重的抗浮措施时，压重材料的容重要求；采用抗拔桩和抗拔锚杆的抗浮措施时，抗拔桩或锚杆的类型、长度及单桩或单根锚杆的抗拔极限承载力等。

5 地基加固处理时应说明地基加固处理形式、所采用的材料及其性能要求、地基加固后的地基承载力标准值和最终变形值的控制要求等。

【说明】为保证地基处理的施工质量，可要求对复合地基处理之设计进行审核，及对地基处理施工单位的资质提出要求。

6 必要时说明基础侧限控制措施、地质灾害防治措施等。

4.2.4 设计依据

1 采用的主要法规和国家及地方结构设计标准、规范、规程的名称及代号。

2 建设方提出的书面要求。

3 批准的初步设计文件、初步设计审批意见、专家论证会的会议纪要。

4 超限高层建筑的建筑结构工程超限设计可行性论证报告，及经审查批准的“超限工程”专项审查意见。

5 加固改造项目甲方提供的原设计资料，及可靠性鉴定或抗震鉴定报告。

6 与结构设计有关的资料（名称、编号、编制方和编制日期），包括相应的岩土工程地质勘察报告（经外审合格并有盖章）、现场的试桩报告或深层平板载荷试验报告或基岩载荷板试验报告等，必要时包括设防水位咨询报告、风洞试验报告、场地地震安全性评价工程应用报告、气象温度资料（最高及最低日平均温度和月平均温度）等其他相关资料，相关节点和构件试验报告、振动台试验报告。

4.2.5 结构分析所采用的计算程序（名称、版本和编制方）、结构分析所采用的计算模型、高层建筑整体计算的嵌固部位等。

4.2.6 各单体建筑物的结构设计标准、抗震设防有关参数和使用荷载

应根据第4.2.4条所列设计依据确定，其内容同第3.2.3条。对超限工程，补充注明结构抗震性能目标、结构及各类构件的抗震性能水准。

4.2.7 场地工程地质和水文条件

应根据第4.2.4条所列设计依据，对工程所在地区的工程地质和水文地质简况进行描述，着重场地的特殊地质条件分别予以说明，对本场地不良地质状况进行分析并说明处理措施。其内容同第3.2.4条。

4.2.8 结构材料

叙述结构材料的选用，主要包括：

1 混凝土结构构件采用的混凝土强度等级，轻骨料混凝土的密度等级和强度等级，基础和地下室及人防部分防水混凝土的抗渗等级，以及采用预搅拌混凝土的要求；

2 砌体结构砌体的种类及其强度等级、干容重，砌筑砂浆的种类及强度等级，砌体结构施工质量控制等级，以及采用预搅拌砌筑砂浆的要求；

3 耐久性要求，包括各部位混凝土构件的环境类别及其耐久性要求；

4 选择和使用混凝土外加剂的设计要求，对掺膨胀剂的补偿收缩混凝土应注明混凝土限制膨胀率的要求；

5 主要采用的钢筋、预应力筋的种类和对应的产品标准以及其他特殊要求（如强屈比等）；

6 钢材牌号、质量等级和对应的产品标准，必要时提出物理力学性能、化学成分要求以及其他要求（如强屈比、Z 向性能、碳当量、耐候性能、交货状态等）；应注明钢构件的成型方式（热轧、焊接或冷弯），圆钢管种类（无缝管、直缝焊管、螺旋焊管等）；

7 钢筋和钢材的连接材料的规格和质量要求，包括：

1）钢筋和钢材的焊接方法，所采用焊条、焊丝、焊剂的产品要求，焊缝质量等级及焊缝质量检查要求等；

2）钢筋机械连接时接头等级和质量要求等；

3）钢结构采用螺栓连接时，应注明螺栓种类、性能等级，高强螺栓的接触面处理方法、摩擦面抗滑移系数，以及各类螺栓所对应的产品标准。

8 钢结构采用的焊钉种类及对应的产品标准；

9 压型钢板的截面形式及所对应的产品标准；

10 特殊材料或产品（如成品拉索、锚具、铸钢件、成品支座、阻尼器等）的规格和质量要求；

11 钢结构的防腐与防火要求，包括：

1）注明除锈方法及除锈等级以及对应的标准；

2）说明防腐涂层的耐久性（防腐年限）、耐温性和良好的附着力等要求；注明防腐底漆的种类、干漆膜最小厚度和产品要求；当存在中间漆和面漆时，也应分别注明其种类、干漆膜最小厚度和要求；

3）各类钢构件的防火分类等级及耐火极限，防火涂料类型及产品要求等。

12 建筑围护结构和轻质隔墙材料的种类及相应的强度等级，包括隔墙砌体的种类和强度等级、砌筑砂浆的种类和强度等级等；建筑围护结构和轻质隔墙材料成墙后对墙重的限制要求；必要时说明建筑围护结构和轻质隔墙的高度、厚度限值；

13 对某些构件或部位的材料提出的特殊要求。

4.2.9 对结构抗震措施、抗震构造及其他构造要求的统一说明，主要包括：

1 钢筋混凝土结构的构造要求和通用做法；

2 砌体结构的构造要求和通用做法；

3 钢结构的构造要求和通用做法；

4 基础构造要求，包括独立基础、筏形和箱形基础、桩基础承台、桩身及抗拔锚杆的构造要求等；

注：当抗拔锚杆由不具备相应设计资质的设计方或施工方设计时，BIAD 结构设计负责人应按 BIAD 质量管理程序对其施工图、计算资料进行审查，并署名签字，对其安全性负责，并将全部设计文件归档。

5 人防部分的特殊要求；

6 非承重构件的构造要求、通用做法，包括：

1）填充墙与框架梁、柱、剪力墙的连接要求或注明所引用的标准图；

2）填充墙上门窗洞口过梁要求或引用的标准图；

3）需要设置的构造柱、圈梁（拉梁）要求及附图或所引用的标准图；

4）围护结构与钢结构主体结构的连接要求。

7 特殊工艺的构造做法，如预应力构件的锚具种类、预留孔道做法、锚具防腐措施等。

4.2.10 施工中应遵循的施工验收规范和注意事项、特殊结构对施工的特殊要求、对施工质量的要求、对检验或检测等要求。主要包括：

1 施工后浇带浇灌时间和质量要求；

2 悬挑构件、非承重构件和结构特殊部位的施工质量要求；

3 地基、地基处理（复合地基）的施工质量、检验或检测要求；桩基础的成桩施工要求、试桩要求和桩基的检测要求；抗拔锚杆的施工要求和检测要求；建筑基坑回填土的施工质量要求；地基回弹变形观测和沉降观测要求；

4 与抗浮设计相关的施工要求，以及采用基坑施工降水方案时停止降水时间的确定要求；

5 针对超长、大体积混凝土或清水混凝土，应说明施工阶段需采取的裂缝控制措施；

6 钢结构应说明加工制作、施工安装及检验的要求，必要时应提出结构检测要求和特殊节点的试验要求；

7 特殊工艺的施工质量要求，如预应力构件的施工质量要求等；

8 对大跨钢结构，根据设计时假设的施工方案提出对施工支撑、安装条件及安装顺序的要求，并说明如果实际施工方案发生变化应对大跨钢结构重新进行施工阶段验算；

9 必要时提出大跨结构及特殊结构的施工过程监测要求或使用过程健康监测要求；

10 如有特殊构件需作结构性能检验时，应指出检验的方法与要求；

11 需要时，说明如大跨索网幕墙等复杂建筑外装饰面施工时的特殊要求。

注：当工程复杂且确有需要时，可对重要部位甚至整个土建施工工序提出建议。

4.2.11 对加固改造和改扩建工程的要求

应说明所采用的加固材料的性能要求，应说明拆除、加固和改扩建时的施工要求。对较为复杂的加固改造和改扩建工程，必要时应详细说明对拆除、加固和改扩建的施工顺序和临时支撑的要求。

4.2.12 对于采用消能减震设计的工程，设计说明应补充下列内容：

1 采用的相关法规、国家及地方设计标准、规范、规程的名称及代号；

2 明确采用的消能减震部件类型和数量；

3　明确采用的消能减震部件的性能目标（如小震弹性，中震屈服耗能）；

4　消能减震部件的技术参数（如屈曲约束支撑的初始刚度、屈服力、屈服位移等，黏滞消能器的阻尼系数、速度指数、最大阻尼力等），及主要外观尺寸要求；

5　明确消能减震部件的检测数量和要求；

6　应提出消能减震部件的耐久性要求及在役期间的检查、维护、更换和使用要求；

7　明确消能减震部件的施工安装要求。

4.2.13　对于采用隔震设计项目，设计说明应补充下列内容：

1　采用的相关法规、国家及地方设计标准、规范、规程的名称及代号；

2　应明确隔震支座及阻尼装置的类型、规格、技术参数（如铅芯橡胶支座的竖向极限承载力、初始刚度、屈服力、屈服位移等）和数量；

3　给出隔震支座及阻尼装置的检测数量和要求；

4　提出隔震支座及阻尼装置的防火、耐久性要求及在役期间的检查、维护、更换和使用要求；

5　明确隔震支座及阻尼装置的施工安装要求；

6　明确隔震缝、隔震层在建筑正常使用阶段的要求。

4.2.14　按照绿色建筑要求进行设计建设的项目，说明除 3.2.12 条内容外，应包括根据需要提供的具体数据。

4.2.15　设计中采用的标准图集及其补充或修改说明

应说明施工图中引用标准图集的名称及编号，需引用图集的内容，必要时说明引用标准图集的页号和详图编号；当图集被引用的内容不完全适用于本工程施工图时，需做补充或修改说明或在相关图纸中说明。

4.2.16　施工图绘制说明。主要包括：

1　施工图表示方法的说明（包括仰视投影法或正视投影法绘制）；所采用的画法图集的名称、编号及其补充或修改说明；当图纸中采用其他画法时，应绘制统一详图说明；

2　图纸中尺寸和标高的单位；

3　当图纸按工程分区编号时，应有图纸编号说明；

4　常用构件代码及构件编号说明；

5　各类钢筋代码说明，型钢代码及其截面尺寸标记说明。

4.2.17　其他需要说明的内容

设计人员认为需要特别说明的其他问题。如：对设计图纸使用的限制条件；对施工方和构件供应方的资质及能力的要求；与深化设计图纸相关的要求；构件供应方生产的构件、节点和支座或现场预制构件的制作安装和质量要求；对相邻建筑物的保护措施；建筑场地内有大面积挖填方时的施工要求等。

4.2.18　向人防工程施工图审查机构提供的防空地下室施工图设计说明的具体内容要求

1　人防工程概况

包括防空地下室的平时功能、战时功能，防护类别，防护单元划分以及各防护单元的防常规武器抗力级别和防核武器抗力级别，人防顶板覆土厚度。

2　主要设计依据

包括防空地下室结构的安全等级、设计使用年限，遵循的标准、规范，工程地质和水文地质条件，以及地面建筑抗震设计条件。

3 说明±0.000设计标高所对应的绝对标高值及图纸中标高、尺寸的单位。

4 列出各结构构件采用的战时等效静荷载标准值，包括防空地下室顶板、底板、外墙、临空墙、门框墙、防护单元隔墙、室外出入口通道、扩散室、楼梯、防倒塌棚架等。

5 扼要说明有关地基概况，地基土的冰冻深度，对不良地基的处理措施及技术要求，抗液化措施及其要求，地基基础设计等级，地基处理（复合地基）方案及基础形式，基础埋置深度及持力层名称。采用桩基时应说明桩的类型、桩端持力层及进入持力层的深度。

6 列出防空地下室所选用结构材料的品种、规格、性能及相应的产品标准，并对某些构件或部位的材料提出特殊要求。对有防水密闭要求的结构构件，应说明其混凝土抗渗等级。

7 说明钢筋混凝土结构受力钢筋的保护层厚度、锚固长度、搭接长度、接长方法。

8 统一说明人防部分的特殊构造要求。

9 列出所采用的通用做法和标准构件图集。

10 如有特殊构件需作结构性能检验时，应指出检验的方法与要求。

11 说明施工中应遵守的施工验收规范、规程和注意事项。例如：施工期间存在上浮可能时的抗浮措施；后浇带的设置；施工安全需特别注意的问题，等等。

4.3 施工图设计图纸

4.3.1 结构施工图应能全面清楚的表达结构的构成和做法，由基础平面图、各层结构平面图和结构详图组成。基础平面图和各层结构平面图应清楚表达结构构件布置、板配筋及留洞和埋件位置。结构详图应详细交代结构构件尺寸、标高、配筋或规格，连接节点的细部尺寸、标高和做法，局部结构详细布置和做法。

注：对于重要、复杂工程宜绘制允许使用荷载平面示意图。

4.3.2 钢结构设计制图分为钢结构设计施工图和钢结构制作详图两阶段。钢结构设计施工图不包括钢结构制作详图的内容，其内容和深度应满足编制钢结构制作详图的要求。钢结构制作详图一般应由具备钢结构专项设计资质的加工制作方完成，也可由具备该项资质的其他设计方完成，其设计深度应能满足钢结构构件制作和施工安装要求。

4.3.3 基础平面图

1 应在基础平面图图纸右上角表示指北针。

2 绘出定位轴线、基础构件（包括独立基础、条形基础、筏形和箱形基础底板、基础梁、柱墩、承台、拉梁和防水板等）的位置、尺寸、底标高、构件编号。有后浇带时，应表示后浇带的平面位置、尺寸。

3 标明结构竖向构件（结构承重墙与墙垛、柱等）的平面位置及其尺寸、编号。当结构竖向构件的尺寸、编号在结构竖向构件平面图中已表示清楚时，基础平面图可以不再标注，但应注明索引的图号，便于查找。对于防空地下室，应标明人防特殊构件的编号，如门框墙等，说明平战功能转换的措施和要求，并采用不同图例区分人防与非人防墙体。

4 应明确表示不同部位基础构件的底面标高，基础底标高不同时，应绘出放坡示意。

5 标明通道、地坑、地沟和已定设备基础等的平面位置、尺寸、标高，表示局部基础底标高变化部位和放坡做法，必要时可在平面图上加剖面表示。

6　如有沉降观测要求时，可要求与观测承包方共同协商确定测点布置和测点构造。

7　桩基础应有桩位平面图，绘出定位轴线、桩的平面位置及定位尺寸，同时表示承台的轮廓线和结构竖向构件（结构承重墙与墙垛、柱等）的平面位置，并说明桩的类型和桩顶标高、有效桩长、桩端持力层及进入持力层的深度，注明设计要求的单桩极限承载力，说明成桩的施工要求和桩基的检测要求等。

注：先做试桩时，应与建设方、施工方、试桩承包方共同协商确定试桩定位平面图、试桩详图和试桩要求。

如试桩尚未完成应说明：在试桩结果满足设计要求时桩基施工图方能用于实际施工，否则桩基施工图应根据试桩结果进行调整。

8　地基加固处理时，应绘出处理范围并说明处理深度，说明地基处理（复合地基）采用的材料及其性能要求，说明地基处理后的地基承载力标准值及压缩模量等有关参数和检测要求，必要时绘制置换桩的平面布置和构造详图。

当采用人工复合地基并另由具备相应设计资质的施工方或设计方设计时，在基础平面图中应表明采用复合地基的范围，并明确提出对复合地基承载力标准值和最终变形值的控制要求及相应的检测要求。

9　应表示筏形、箱形基础底板和防水板等的配筋（必要时应将基础模板图和配筋图分别绘制）。

4.3.4　一般建筑的结构平面图

一般建筑的各层结构平面图应包括各楼层结构平面图、屋面及出屋面结构平面图，应有以下内容：

1　应绘出并标明定位轴线及结构构件（包括梁、板、柱、承重墙、支撑、砌体结构的抗震构造柱等）的平面位置和尺寸，并注明其编号。应绘出电梯间、楼梯间（可绘制斜线并注明编号与索引详图号）、坡道和通道的结构平面布置。有后浇带时，应表示后浇带的尺寸和平面位置；

注：当梁、柱、承重墙平面位置、尺寸及其编号已在梁、柱、承重墙平面图中明确标明时，在各楼层结构平面图中可不再标明，但应表示梁、柱、承重墙平面位置。

2　屋面结构平面布置图应绘出女儿墙及女儿墙构造柱的位置、编号及详图；

3　防空地下室各层结构平面应标明人防特殊构件的编号，如门框墙等，应说明平战功能转换的措施和要求，并采用不同图例区分人防与非人防墙体；

4　应注明楼层标高，包括各部位的结构完成面标高，标高变化处或上翻的梁应注明梁顶标高并宜在结构平面图上加剖面表示。当结构找坡时应标注楼板的坡度、坡向、坡的起点和终点处的板面标高。

【说明】结构平面图可采用各层标高列表并标明本层标高。

5　采用现浇板时，应注明板厚、受力方向（必要时）和编号、配筋（亦可另绘放大比例的配筋图，必要时应将现浇楼板模板图和配筋图分别绘制）。采用预制板时，应注明跨度方向、板号、数量和排列方法，预制梁、洞口过梁应注明其位置和型号。采用压型钢板组合楼板时，应注明跨度方向、压型钢板板号和现浇部分板厚、配筋，并绘制钢梁、混凝土墙、混凝土梁等支承构件与楼板连接详图；

6 电梯间应绘制机房楼面与顶面结构平面布置图，注明标高、梁板编号、板的厚度、预留洞口大小与位置、吊钩大小及位置，并表示板的配筋和洞边加强措施。当预留孔、埋件、设备基础复杂时亦可另绘详图；

7 砌体结构有圈梁时应注明位置、编号、标高，可用小比例绘制单线平面示意图；

8 当选用标准图中节点或另绘制局部结构和节点构造详图时，应注明构件、节点、局部结构等详图索引号；

9 局部结构需要由专业承包方设计制作时，应提出完整的设计要求，对局部结构的形式、平面尺寸、边界条件、标高、荷载和其他使用要求应进行规定。

4.3.5 单层空旷房屋的结构平面图

单层空旷房屋应绘制构件布置图和屋面结构布置图，应有以下内容：

1 构件布置应表示定位轴线，墙、柱、天桥、过梁、门樘、雨篷、柱间支撑、连系梁、墙梁（必要时）等的布置、编号，构件标高，详图索引号，并加注有关说明等；必要时应绘制剖面、立面结构布置图；

2 屋面结构布置应表示定位轴线（可不绘制墙、柱）、屋面结构构件的位置及编号，支撑系统布置及编号，预留孔洞的位置、尺寸，节点详图索引号，并加注有关说明等，必要时绘制檩条布置图。

4.3.6 钢结构的结构平面图

钢结构的结构平面图除满足第4.3.4条和第4.3.5条相关规定外，尚应满足下列要求：

1 包括各层楼面、屋面在内的结构平面布置图应注明定位关系、标高、构件（可用粗单线绘制）的位置、构件编号及截面型式和尺寸、节点详图索引号等；

2 屋面或楼层采用空间钢结构时，应绘制上、下弦杆、腹杆和拉索的平面布置图及其关键剖面图，注明轴线关系、总尺寸及分尺寸、控制标高，并注明构件编号或型号、截面型式和尺寸、节点索引编号，必要时说明施工要求；

3 必要时应绘制支撑布置图；

4 必要时应绘制檩条布置图、墙梁布置图和关键剖面图。

4.3.7 一般建筑的结构详图包括局部剖面详图，构件详图，节点详图，楼梯、坡道和通道等局部结构详图以及水池等构筑物的详图。详图中应标明结构细部尺寸、标高，钢筋混凝土结构的配筋和构造做法，钢结构构件的规格和连接做法，以及需特别说明的附加内容。构件详图和节点详图可引用标准设计、通用图集中的详图。

4.3.8 对于采用消能减震设计的项目，应增加消能减震装置部件的平面图和立面图，以及与主体结构连接的节点详图，连接节点详图应能达到指导深化设计的要求。

4.3.9 对于采用隔震设计的项目，应增加隔震支座、阻尼装置及隔震缝的平面布置图；给出包括隔震沟、楼电梯、出入口等部位的与隔震缝有关的构造详图；以及隔震装置的节点构造详图，包括安装在隔震层的支座及连接件、阻尼装置及连接件、水平及竖向限位装置等。

4.3.10 基础详图

基础详图包括基础构件详图和基础平面图中局部部位详图，应按下列要求绘制：

1 无筋扩展基础应绘出剖面、基础圈梁、防潮层位置，并标注总尺寸、分尺寸、标高及定位尺寸；

2　配筋扩展基础应绘出平面、剖面及配筋、基础垫层，标注总尺寸、分尺寸、标高及定位尺寸等；

3　桩基础应绘出桩详图、承台详图及桩与承台的连接构造详图。承台详图包括平面、剖面、垫层及配筋，标注总尺寸、分尺寸、标高及定位尺寸；

4　基础梁和独立柱基拉梁可采用“平面整体表示法”表示配筋详图，但应绘出承重墙、柱的位置。当基础复杂或基底标高变化较多时，应补充局部详图，必要时全部采用梁纵剖面和横剖面详图表示；

5　对箱形基础，应绘出钢筋混凝土墙的平面图、剖面详图及其配筋；

6　通道、地坑、地沟和已定设备基础等应有平面、剖面详图表示其尺寸、标高和配筋，预制柱独立基础应说明杯口填充材料。

注：对形状简单、规则的无筋扩展基础、配筋扩展基础、基础梁和承台的尺寸、标高和配筋，也可用列表方法表示。

4.3.11　钢筋混凝土构件和节点详图

1　一般现浇钢筋混凝土结构的梁、柱、墙配筋可采用“平面整体表示法”绘制，梁图应绘出承重墙、柱的位置。标注文字较密时，纵、横向梁宜分两幅平面绘制。当梁、墙、柱布置复杂或标高变化较多时，应补充局部详图，必要时梁全部采用纵剖面和横剖面详图表示，墙和柱绘制立面详图。转换梁、斜梁、变截面梁、异形柱等异形构件，均须绘制详图。

2　比较复杂的现浇钢筋混凝土构件（梁、板、柱及墙等）的详图按下列要求绘制：

1）多跨梁和多层柱应绘制纵剖面和横剖面，墙除横剖面外应有边缘构件和暗柱配筋详图，需要时可绘制墙体立面。

2）纵剖面应表示长度、轴线号、定位尺寸、标高及配筋，梁和板的支座，并表示与周边构件的关系；现浇的预应力混凝土构件尚应绘出预应力筋定位图并提出锚固要求。

3）横剖面应表示定位尺寸、断面尺寸及配筋。

4）曲梁或平面折线梁宜绘制放大平面图，必要时可绘制展开详图。

5）若钢筋较复杂不易表示清楚时，宜将钢筋分离绘出。

3　预制钢筋混凝土构件详图应绘出构件模板图和配筋图，构件简单时二者可合为一张图。详图应按下列要求绘制：

1）构件模板图应表示模板尺寸、轴线关系，预留洞和预埋件编号、位置、尺寸、必要的标高等；后张预应力构件尚需表示预留孔道的定位尺寸、张拉端、锚固端等；

2）构件配筋图，纵剖面应表示钢筋形式、箍筋直径与间距（配筋复杂时宜将非预应力筋分离绘出）；横剖面应注明断面尺寸、钢筋规格、位置、数量等。

4　对形状简单、规则的现浇或预制构件，在满足所需表达内容全面和清楚的前提下，可用列表法绘制。

5　现浇混凝土结构的局部剖面详图和节点构造详图，应表示各部位构件间相互定位关系，标明各构件尺寸或规格、位置及必要的标高，并应注明配筋。

6　预制装配式结构的节点，梁、柱与墙体锚拉等详图应绘出平面、剖面，注明相互定位关系，构件代号、连接材料、附加钢筋（或埋件）的规格、型号、性能、数量，并说明连接方法以及施工安装、后浇混凝土的有关要求等。

7　需要时补充必要的附加说明和对施工安装等有关要求。

4.3.12　钢结构的构件和节点详图

1　简单的钢结构构件可用统一详图和列表法表示，对形状复杂的钢结构构件应绘制构件纵剖面和横剖面详图；应注明构件钢材牌号、尺寸、规格以及焊条型号、焊接方法和焊缝尺寸，表示加劲肋做法；应绘制连接节点详图，说明施工和安装要求等。

2　钢结构的桁架（张弦梁）、格构式梁（拱）、柱、支撑，应绘出平面图、剖面图、立面图或立面展开图（对弧形构件），注明定位尺寸、总尺寸、分尺寸以及单构件型号和规格，绘制组装节点和其他构件连接详图，说明施工和安装要求。

3　局部剖面详图和节点详图，应表示各部位构件间相互定位关系和连接做法，标明各构件尺寸或规格、位置及必要的标高，注明连接板、加劲板规格和位置、焊缝尺寸和螺栓规格及其布置等。

4　需要时补充必要的附加说明和对施工安装等有关要求。

4.3.13　楼梯、预埋件、构筑物和局部结构详图

1　楼梯详图应表示每层楼梯结构平面布置及楼梯整体剖面图，注明结构构件尺寸（包括踏步、楼梯梁、楼梯柱、承重墙等）及其定位尺寸、构件代号、结构标高（包括各休息板）。钢筋混凝土楼梯应表明楼梯休息板、踏步板和楼梯梁的配筋，绘制配筋详图；钢楼梯应标注构件规格并绘出关键连接部位详图。对形状简单、规则的钢筋混凝土楼梯，在满足所需表达内容全面和清楚的前提下，可用列表法或“平面整体表示法”绘制。

注：楼梯配筋不应表示在建筑专业的楼梯详图中。

2　预埋件详图应绘出其平面、侧面，注明尺寸、钢材和锚筋的规格、型号、性能、焊接要求。

3　坡道和通道等局部结构详图，构筑物的详图，如水池、水箱、烟囱、烟道、管架、地沟、挡土墙、筒仓、大型或特殊要求的设备基础、工作平台等，均宜单独绘图，应绘出平面、特征部位剖面及配筋，注明定位关系、尺寸、标高、材料品种和规格、型号、性能。

4.3.14　人防工程结构详图

1　防空地下室口部详图

1）绘制平面、剖面、定位尺寸、截面尺寸、配筋；

2）如详图位置处于防护区与非防护区或不同抗力级别防护单元的交界处，应在详图中标明不同抗力级别防护单元的位置；

3）若配筋复杂不易表示时，可将钢筋分离绘出；

4）若条件符合，可直接选用人防工程施工图审查机构认定的标准图。

2　人防楼梯、通风竖井、防爆波电缆井、防倒塌棚架详图

1）应绘出每层楼梯结构平面图及剖面图，注明尺寸、标高、构件编号、构件配筋；

2）应绘出通风竖井各层平面及顶部平面图，通风竖井复杂时可绘出纵向剖面图，注明尺寸、构件编号、标高、构件配筋；

3）应绘出防爆波电缆井各层平面及顶部平面图，复杂时可绘纵向剖面图，注明尺寸、标高、构件编号、构件配筋；

4）应绘出防倒塌棚架各层平面及顶部平面图，复杂时可绘纵向剖面图，注明尺寸、标高、构件编号、构件配筋。

4.3.15 上部为钢结构和混合结构时，钢结构的基础平面图、钢筋混凝土楼层结构平面图及详图应表示钢柱、钢支撑与下部混凝土构件的连接构造。

4.3.16 预留管线、孔洞、埋件和已定设备基础

1 梁上预留管线、孔洞时，其位置、尺寸、标高应表示在各层梁、基础梁详图上或在各层结构平面图、基础平面图上。

2 影响结构构件布置或楼板钢筋配置的穿楼板预留管线、孔洞，其位置、尺寸、标高应表示在各层结构平面图上，并绘制楼板洞边加筋；当预留孔洞较多或复杂时，可另绘留洞图。

【说明】影响结构构件布置或楼板钢筋配置的穿楼板预留管线、孔洞指：直径或长边不小于300mm的穿板管线和孔洞；集中布置且净距较小的穿板管线和孔洞；在无梁楼盖的柱上托板和柱上板带范围内的穿板管线和孔洞，等等。

3 应在防空地下室各层结构平面图上标明穿人防顶板和中间楼板的给排水管、采暖管及消防管的预埋密闭套管的位置及管径。

4 影响墙体暗柱布置或墙体钢筋配置的穿墙预留管线、孔洞及地下室外墙上防水套管，其位置、尺寸、标高应在墙体平面图中表示，数量较少时可表示在地下室各层结构平面图上。

【说明】影响墙体暗柱布置或墙体钢筋配置的穿墙预留管线、孔洞指：钢筋混凝土结构暗柱范围内的穿墙管线和孔洞；直径或长边不小于300mm的穿墙管线和孔洞；集中布置且净距较小的穿墙管线和孔洞等等。

5 应在防空地下室墙体平面图中标明穿防空地下室密闭隔墙、临空墙、外墙的给水排水管、采暖及消防管的预埋密闭套管的位置、管径、标高，穿密闭隔墙及扩散室的风管应注明预埋密闭套管的位置、尺寸、标高，数量较少时可标注在地下室各层结构平面图上。

6 应绘制构造详图表示结构构件在预留管线和孔洞边的加强措施，情况简单时可绘制统一构造详图。

7 主要预埋件的位置、尺寸、标高和编号应在相关平面图或详图中表示，当预埋件数量较多或复杂时，可另绘制预埋件平面布置图。应绘制预埋件详图或标注索引的预埋件图集的名称、页号及详图号。

8 应在平面图中表示已定设备基础的位置和尺寸，并绘制配筋详图，设备基础形状简单时可绘制统一配筋详图。

4.3.17 加固改造和改扩建工程的施工图除应满足本节上述各条要求外，尚应满足下列要求：

1 基础平面图、各层结构平面图和详图中应采用不同图例区分原有结构构件和需要加固的构件以及新增构件。

2 当需要进行地基加固时，应在平面图中绘制地基加固范围，并说明加固方法、加固深度、加固后的地基承载力和地基最终变形的控制以及施工和检测要求，必要时绘制加固构造详图。

3 需要加固的构件应绘制加固详图，简单的加固构件可用统一详图和列表法表示。

当绘制包括基础在内的结构构件加固详图时，应详细表示加固范围和加固方法，标注加固采用的材料名称、规格或尺寸及其数量。

4 必要时绘制局部拆除、支护布置图。

4.4 计 算 书

4.4.1 结构计算书是结构施工图绘制的主要依据，计算结果应与图纸一致。所有计算书应校审，并由设计、审核、审定人在计算书首页上签字，作为技术文件归档。

4.4.2 结构计算书内容应完整、清楚，计算步骤要条理分明，引用数据应有可靠依据。采用计算图表和引用规范、规程、标准以外不常用的计算公式时，应注明其来源出处。当采用计算机程序计算时，应在计算书中注明所采用的计算程序名称、代号、版本及编制方，计算程序必须通过有关部门的鉴定，电算结果应经分析认可，输入的总信息、计算模型、几何简图、荷载简图应符合工程的实际情况。对于复杂工程（如超限工程等）需要采用其他电算程序进行验算者，应将验算采用计算程序的所有内容同步整理归档。

4.4.3 所有计算机计算结果，应经分析判断确认其合理、有效后方可用于工程设计。如计算结果不能满足规范要求时应做必要的调整，当确有依据而不做调整时，应说明理由。

4.4.4 采用结构标准图或重复利用图时，应根据图集的说明，结合工程进行必要的核算工作，且作为结构计算书的内容。

4.4.5 结构计算书内容主要有荷载计算、地基基础计算、结构整体计算（包括上部结构抗侧力整体计算、大跨空间结构计算、温度应力计算、结构沉降计算、结构整体稳定计算、抗浮计算等）以及构件计算（包括内力、配筋计算及变形、裂缝验算）和节点计算等。

4.4.6 所有计算应有计算参数（如混凝土及钢筋强度取值等）、计算模型简图（标明几何尺寸、断面尺寸）、荷载简图（说明荷载形式、大小、作用位置及来源）、计算过程（手算时）和计算结果（如内力、配筋、变形和裂缝宽度等），必要时应有对结果的比较分析。

4.4.7 结构计算书应设首页、目录，内容要求完整连贯。正文内容应反映全部计算内容，篇幅较大时可整理分册；当某项内容篇幅较大时可列为附件，附件为正文的补充和上机电算数据及其结果，附件的排列位置应在正文中索引。

4.4.8 计算书的正文应包括以下项目：

1 结构设计基本情况表；

2 荷载计算（包括人防荷载）；

3 包括抗震和抗风在内的整体计算；

4 大跨空间结构整体计算；按规范需要进行几何非线性有限元计算分析的大跨度钢结构，应列出其计算结果；

5 复杂工程所需补充的其他整体计算结果，如罕遇地震作用下弹塑性静、动力分析计算结果；

6 地基承载力验算、基础承载力和配筋计算，需要时地基变形验算；

7 构件和节点计算；

8 其他特殊计算，如抗浮验算、温度荷载作用下裂缝控制验算、稳定性验算等；

9 人防计算；

10 加固改造工程尚应有结构加固后整体抗震能力的评估计算和加固构件计算；

11 委托其他设计方所做的补充计算文件。

4.4.9 对加固改造和改扩建工程，按加固改造和改扩建规模对原结构进行第 4.4.8 条中相关款项的计算或验算，加固改造和改扩建规模较大而影响结构整体承载能力时，应进行整体结构抗震和抗风等抗侧力验算。当原结构的构件、节点或地基等不满足承载力和变形要求而需要进行加固时，应根据相关规范并按荷载施加过程进行加固后承载力和变形等验算，列出加固验算过程和结果。原结构抗震性能不满足现行规范时，应有确定抗震加固标准的说明以及加固后抗震验算过程和结果。对复杂工程，尚应对加固改造后的结构进行第 4.4.8 条第 5 款的补充计算。

4.4.10 荷载计算应注明荷载的由来，主要包括：

1 屋面荷载

含屋面做法、屋面可变荷载、自重、吊挂荷载和其他荷载。

2 楼面荷载

含楼面做法、楼面可变荷载、自重、隔墙均布等效荷载、吊挂荷载及其他荷载。

3 其他荷载

如内、外墙荷载、阳台栏板等特殊装饰荷载、设备荷载等。

4 荷载分项系数

4.4.11 抗震验算

1 复杂结构进行多遇地震作用下的内力和变形分析时，应采用不少于两个不同的力学模型，并对其计算结果进行分析比较；

2 特别不规则的建筑、甲类建筑和符合抗震规范所规定的高度范围的高层建筑，应采用时程分析法进行多遇地震下的补充计算。

3 对于采用消能减震设计的项目，应补充下述内容：

1）明确所采用的计算方法；

2）给出消能减震部件采用的本构模型及其他主要的计算参数；

3）计算书中应给出消能减震结构主要的计算结果，如附加阻尼比、罕遇地震作用下弹塑性分析结果等；

4）计算输出结果应明确消能减震装置在罕遇地震作用下的出力和变形等；

5）给出消能子结构的验算结果（如连接节点、相连的梁柱等）。

4 对于采用隔震设计的项目，应补充下述内容：

1）明确隔震结构的计算方法，计算中具体采用的计算程序（名称、版本和编制方）；

2）计算书中应明确隔震支座、阻尼装置及隔震层的本构模型；给出隔震支座及阻尼装置的主要技术参数；

3）计算输出结果应包括水平减震系数、罕遇地震下的隔震层水平位移、隔震层的抗风验算、隔震层偏心率的估算等以及隔震支座的拉压应力状态；此外尚应有隔震层以下的结构和基础的抗震承载力验算等；

4）明确隔震缝的尺寸要求。

4.4.12 结构整体分析的输出内容应包括：

1 结构计算总信息；

2 总体计算结果：包括振型、周期、周期比、扭转位移、位移比、楼层刚度比、刚度中心与质量中心的偏差、有效质量参与系数、水平荷载作用下基底剪力、地震剪力系数——即剪重比、水平荷载作用下基底倾覆力矩和框剪结构的框架（或短肢墙较多的剪力墙结构中的短肢墙）地震倾覆弯矩百分比等；

3 超筋信息；

4 结构平面简图（梁、柱、墙、支撑断面），需要时补充弹性板假定简图、构件抗震等级定义简图；

5 恒荷载和可变荷载的分布简图，包括楼面面荷载（说明楼板自重是否由计算机自动计算）和梁上、墙上线荷载以及梁上、墙上、柱上点荷载（注意荷载取值应与前面荷载计算的结果一致）；

6 混凝土构件配筋计算结果、底层及控制层墙、柱轴压比和钢构件验算计算结果的图形输出；

7 混凝土墙边缘构件配筋计算结果的图形输出；

8 无地震作用时恒荷载和可变荷载组合工况作用下的柱脚反力的图形输出，以及基础计算使用的其他荷载组合工况作用下的柱脚反力的图形输出；

9 弹性时程分析的计算参数和主要结果（需要时）；

10 弹塑性分析的计算参数和主要结果（需要时）；

11 砖混结构时墙脚荷载和各层抗震计算图形输出；

12 计算结果分析、说明（出现异常超筋时说明处理方法）。

一般工程按以上内容输出，特殊工程应有与工程特性相关的计算结果及分析说明。

4.4.13 地基、基础计算主要有：

1 确定基础类型；

2 地基、基础计算使用的荷载（摘自电算或手算）；

【说明】根据上部结构复杂程度和地基、基础计算内容选择相应荷载组合工况作用下的柱脚反力，作为地基、基础计算使用的荷载。

3 地基承载力验算（含垂直荷载作用及与风荷载、地震组合后的荷载作用）；

4 规范要求或必要时进行地基变形计算；

5 基础计算，包括底板、基础梁（包括深梁）受弯、受剪、冲切、配筋计算等。

4.4.14 构件和节点计算时，应说明构件和节点在施工图中准确位置，构件编号宜与图纸一致。采用电算结果的外挑构件宜手算验算。

构件和节点计算主要有：

1 楼板计算；

2 次梁、阳台、雨罩、挑檐等计算（悬挑构件注意倾覆、平衡验算）；

3 预应力构件计算；

4 挡土墙计算；

5 楼梯计算；

6 预埋件计算；

7 钢结构节点计算；

8 其他特殊节点和构件计算，如框架节点核心区验算、跃层柱的复核验算等。

4.4.15 应对层高很大的楼层的建筑隔墙以及墙顶未与梁板拉接的较高悬臂建筑隔墙的稳定性进行复核，包括隔墙高厚比。

4.4.16 人防计算包括临空墙、外墙、防护密闭门门框、人防顶板和底板、扩散室、人防出入口楼梯、倒塌棚架等计算。对施工图中引用人防图集的部分可不再另行计算，当对引用的图集详图进行局部改动时，应进行必要的核算。

4.4.17 向人防工程施工图审查机构提供的防空地下室结构计算书，除应满足本节上述相关条款要求外还应满足下述要求：

当采用用于平时荷载作用下的计算软件进行人防战时荷载作用下的结构计算时，应根据软件情况，对输入的荷载、材料强度进行调整，使之符合人防的计算要求，并对构件截面的抗剪承载力按人防要求进行验算。

4.4.18 按绿色建筑设计的项目，如需要，应补充设计中采用高强度材料和高耐久性建筑结构材料用量比例的计算书。

4.4.19 委托其他设计方所做的补充计算文件应符合上述要求。

设备专业篇

设备专业篇

目录

一、设备专业统一规定

1 排序和配合

1.1 专业及其系统的排序和配合

1.1.1 设备专业

给水排水

暖通空调·动力

1.1.2 给水排水专业

给水（包括各类生活给水、生活热水、消防给水）

排水（包括生活排水、雨水排水）

中水（包括污、废水和雨水的收集、处理、利用）

1.1.3 暖通空调·动力专业

供暖空调管道系统（包括水和蒸汽）

风道系统（包括空调风、通风、防排烟）

其他系统

【说明】1 所有设计文件（包括说明、主要设备表、图纸、计算书）和图纸均应按以上顺序排序。

2 给水排水专业各设计阶段的消防（包括消防给水、移动式灭火设施、消防电梯排水等）设计文件（例如设计说明、图纸），根据报审要求等可独立编制。

1.1.4 管井详图、剖面详图等，设备各专业和各系统宜绘制在一张图中，以表示管道设备的综合关系。

1.1.5 给水排水和暖通空调·动力专业应分别编制独立文件（包括图纸目录、说明、设备表、图纸、计算书等）。

1.1.6 一般设计项目的室外总图可与室内图纸共同编写图纸目录和说明等，当较大设计项目室外总图单独设计出图时可单独编写。

1.1.7 本深度规定统一用词

1 各种水管、蒸汽管、燃气管、制冷剂管、其他工艺气体管统称为“管道”，对应称谓为“立管”、“支管”。“室外管道”也可称为“室外管线”。

2 风管、烟气管称为“风道”，对应称谓为“竖风道”、“支风道”。

1.2 设计文件和图纸排序

1 图纸目录
2 说明
3 设备表
4 图例
5 总平面图
6 系统图
7 各层平面图
8 详图（包括平面详图、剖面详图、特殊管件详图等）
9 立管图、透视图

2 图纸标高和高度标注

2.1 一般规定

2.1.1 一般情况下，图纸应按本规定标注标高和高度，遇特殊情况与本规定不符时应明确说明。

2.1.2 管道坡度应用管道两端标高表示。

2.2 室外标高

2.2.1 一般均标注距海平面绝对标高。

2.2.2 排水管道标注管内底，其他有压管道标注管中标高。

2.2.3 排水检查井、热力管沟等构筑物标注内底标高。

2.3 室内平面图标高

2.3.1 圆形管道和风道标注管中标高。

2.3.2 矩形风道标注管底标高。

2.3.3 各层平面图管道和风道标高基准（±0.00 或本层地面）

1 一张平面图中标高基准应一致。

2 一般应每层标注距建筑物±0.00 标高。当标准层层数较多，管道或风道水平布置时，标准层的管道或风道也可标注距各层地面标高，但该图中应有标高基准注释。(例如：“注”管道标高均为距本层地面的标高)。

2.3.4 各平面详图管道和风道标高基准应一致，可标注距本层地面标高，且该图中应有标高基准注释。

2.4 立管图、透视图标高和高度

2.4.1 立管图

1 应标注每层地面标高；

2 支管和立管水平位置改变处标高可标注距本层地面高度尺寸，或标注标高；当标注距本层地面标高时应有标注说明。

2.4.2 卫生间给排水管道透视图和居住建筑等共用立管的分户独立供暖系统透视图，管道标高或高度标注宜与对应的平面详图一致。

2.4.3 轴测系统图和各层统一绘制的供暖透视图管道，应标注距±0.00 标高。

2.5 剖面详图标高和高度

2.5.1 剖面详图应标注地面标高，其他土建构筑物、建筑物梁板、基础等可用距地面的相对尺寸表示其高度。

2.5.2 管道、风道和设备可用中心或底部距地面的相对尺寸表示其安装高度。矩形风道和设备还应表示本身高度尺寸。

二、给水排水专业

1 投标方案设计

设计文件为设计说明，当文字不足以充分表达时，可辅以图纸。应概述给排水设计方案要点，提出主要节水、节能措施。

2 方 案 设 计

2.1 一 般 规 定

2.1.1 一般设计项目设计文件为设计说明，当文字不足以充分表达时，可辅以图纸。

2.1.2 应配合建筑专业校核建筑方案中建筑层高和主要设备用房的面积。

2.2 方案设计说明

2.2.1 生活给水设计应简述下列内容：

1 水源情况（包括自备水源及市政给水）；

2 用水量及耗热量估算值；

3 生活给水系统分区和供水方式；

4 生活热水系统热源、加热方式、供应范围及供应方式；

5 中水和管道直饮水系统供应范围、中水水源、处理和供水方式。

2.2.2 消防设计应简述下列内容：

1 消防给水系统种类，各类消防给水系统的分区和供水方式；

2 设计项目采用的其他灭火系统和灭火设施的类型、设置范围和供应方式。

2.2.3 排水设计应简述下列内容：

1 排水体制（生活排水、雨水的分流或合流），生活排水的处理方式，生活排水及雨水的排放出路；

2 生活排水、雨水的收集、处理与利用。

2.2.4 应简述主要节水、节能措施。

2.2.5 需要说明的其他问题。

3 初步设计

3.1 一般规定

3.1.1 设计文件包括设计说明、主要设备表、设计图纸、计算书（内部使用）。

3.1.2 初步设计阶段应解决与其他专业配合的相关问题：

1 应与建筑专业配合，确定设备机房所需面积、高度及位置，确定主要管井位置及所需面积等；

2 应与结构专业配合，确定与结构底板相关的地下排水集水坑的位置、深度和设置条件等；

3 应向结构专业提供大型设备的安装位置及其运行重量，以及对结构影响较大的穿洞要求等；

4 应向电气专业提供各系统设备控制原则及方案，提供主要电动设备位置及其用电量。

3.2 初步设计说明

初步设计说明一般包括以下内容：

1 工程概况：项目位置，建筑防火类别，建筑功能组成、建筑面积（或体积）、建筑层数、建筑高度以及能反映建筑规模的主要技术指标；

2 设计依据：

1）设计任务书等；

2）执行的现行设计规范和设计标准。

3 本专业包含的设计内容、范围以及与有关单位协作进行专项（二次）设计的内容和要求；

4 室外给排水管线：

1）应说明给排水管道建筑红线进出口的方位、数量、管径，以及所接市政管道（或管渠）的方位、管径；

2）市政给水管道应说明供水压力。当建自备水源时，应说明水源的水质、水温及供水能力，取水方式及净化处理工艺和设备选型等；

3）排水管道应说明排入点的标高和接入检查井的编号。当排入水体（江、河、湖、海等）时，还应说明对排放的要求；

4）应说明设计项目需市政供水或自备水源供水的总用水量和总生活排水量；

5）应说明室外雨水排水设计采用的暴雨强度公式、重现期，各排出口所带区域的汇水面积、综合径流系数、雨水量、雨水调蓄设施等。

5 各类生活给水系统：说明水源情况及压力参数，供水系统形式及系统分区（分压）

范围，防污染措施及用水计量措施，并估算用水量等，说明加压机房设置位置；

6 生活热水系统：说明热源形式、热交换器类型、热媒供回水温度（水）或压力（蒸汽）；热水供水系统形式、系统分区（分压）范围、热水供回水温度，估算系统设计小时用水量和设计小时耗热量等；说明热源机房设置位置；

7 管道直饮水系统：说明水源、水质、处理工艺及估算用水量等；说明管道饮用水处理机房设置位置；

8 生活排水系统：说明排水系统形式、污废水的局部处理情况（含油污水除油、化粪池、降温池、医院污水、实验室有害有毒废水等）；消防电梯井的排水设计情况，估算排水量；

9 雨水系统：说明屋面雨水排水形式以及设计流态（重力流或压力流）、雨水系统的设计参数（设计重现期、排水和溢流总设计重现期、暴雨强度、估算雨水量等）；说明雨水控制和利用措施；

10 中水系统：说明中水来源（市政中水应标注压力参数）、水质要求、水处理工艺流程、供水系统形式和系统分区（分压）范围等；说明中水处理机房设置位置，并宜绘制水量平衡图；

11 其他给水系统简介。

12 室内外消防给水系统和其他灭火设施，应说明以下内容：

1）消防水源和市政供水情况（几路供水、水压、供水管径等）；

2）消火栓、自动喷水灭火等各系统设计用水量，消防贮水池的设置位置和有效水容积；

3）消防泵房位置，消防水泵的位置和数量，水泵结合器的位置和数量；

4）高位水箱和稳压设备的设置情况；

5）消火栓的设置和消火栓箱的选型（栓口、水龙带、消防卷盘、减压设施等）；

6）自动喷水（喷雾）灭火系统类型（湿式、预作用（泡沫联用）式、水幕、水喷雾等）的使用场所、危险等级等；

7）灭火器的危险等级、保护距离及灭火器箱的设置；

8）其他消防系统（水炮、大空间智能灭火等）的设置场所、设计参数、系统形式及消防设施等；

9）气体灭火系统的设置区域、系统组成及灭火剂类型等。

13 节能、环保措施：说明主要节能方式、噪声与振动控制方式、污水处理方式、卫生防疫主要措施等。

14 绿色建筑设计：当项目按绿色建筑要求建设时，说明绿色建筑设计目标，采用的主要绿色建筑技术和措施。例如可再生能源利用情况、节水与水资源利用方式等。

15 给排水和消防系统的自动监控：说明监控原则、主要自控项目及要求等。

16 说明管材和其他主要材料及保温做法。

17 设计项目估算用水用热量统计可附表：包括生活用水量统计，供暖、空调水系统补水量统计，空调冷却水系统补水量统计，中水量统计及水量平衡，生活热水用水量和耗热量统计，管道直饮水用水量统计等以及人造景观雨水利用水量等计算表。

18 人防工程：说明人防概况、战时系统、平战结合及转换方式等。

【说明】人防工程说明应单独编制。

19　需提请在设计审批时解决或确定的主要问题。

【说明】初步设计说明应参照BIAD初步设计说明模板编写，具体设计项目中没有的内容应删除，未涵盖的应增加。

3.3　主要设备表

主要设备表中应列出主要设备的编号、名称、主要设计及技术参数、数量、服务区域及安装位置等。

3.4　初步设计图纸

3.4.1　初步设计图纸包括图纸目录、图例、总平面图、系统流程图（原理或示意图）、各层平面图。

3.4.2　图例应包含本工程设计的管道、阀门、附件、构筑物及设备表中未涵盖的设备、装置等内容。各项图例与其他设计图纸中的表示应一致。

【说明】当按BIAD统一图例编制时，具体设计项目中没有的图例应删除，未涵盖的应增加。

3.4.3　总平面图

1　应绘制建筑红线内全部建筑物和道路等，应标注指北针、建筑物和道路名称、主要标高等。

2　应绘制给水、排水管道，闸门井、消火栓井、消防水泵接合器（井）、水表井、检查井、化粪池、雨水口和其他给排水构筑物，宜标注出干管的管径。

3　建筑红线内给水、排水管道应绘制到与市政或建筑红线范围外管道或构筑物连接处，且应标注控制标高。

3.4.4　系统流程图（原理或示意图）

1　应绘制各类给水系统（包括生活给水、中水给水、管道直饮水等）、生活热水系统、排水系统、消防系统等系统流程图（原理或示意图）。

2　系统流程图（原理或示意图）应表示系统与建筑物的关系、供水或排水的服务对象、设备和主要管道所在区域和楼层，标注设备编号、干管管径、建筑楼层编号及标高。

3.4.5　各层平面图

1　应绘制主要设备、给排水立管和干管、消火栓、自动喷水灭火系统喷头布置等。标准层和管道布置相似的各层，可以绘制一张典型平面图。简单设计项目的给水、排水、消防管道等可以绘在一张图上，复杂设计项目可分别绘制。当机房设备位置表示不清楚时，宜单独绘制机房设备布置图。

2　宜标注立管编号和设备编号，与室外接管应标注控制标高和管径。

3　复杂设计项目，需与建筑专业配合确定层高和管径等尺寸时，宜在管道密集处绘制（或与暖通空调·动力专业共同绘制）局部剖面或管井详图，并标注管道的管径或尺寸、相对位置尺寸和高度。

3.5 计 算 书

初步设计计算书仅为内部使用，包括各类用水量、排水量、用热量统计计算和设备初步选择计算等。

4 施 工 图 设 计

4.1 一 般 规 定

4.1.1 施工图设计阶段设计文件包括图纸目录、施工图说明、主要设备表、图例、设计图纸、计算书。

4.1.2 应与建筑和结构专业进行下列配合：

1 向建筑专业提供消火栓位置及尺寸；

2 关注建筑专业确定的防火分区划分；

3 当建筑专业进行灭火器布置时，提供灭火器种类、规格、最大间距和数量；

4 与建筑专业配合确定屋面雨水溢流口的位置，提供溢流口面积；

5 配合管道综合确定吊顶标高、管井尺寸等，提供吊顶、管井等检修孔位置、尺寸；

6 配合精装修时，提供自动喷水灭火系统喷头在吊顶上的布置尺寸；

7 向结构专业提供下列留洞资料：

1）较大尺寸管道穿楼板及混凝土墙的预留洞口的位置、尺寸、高度；

【说明】一般穿楼板及混凝土墙的直径或长边大于等于300mm管洞需表示在结构专业图上。

2）穿梁、柱、基础等结构主要受力部位和地下室外墙以及穿人防板、墙的管道预埋套管或密闭套管的位置、管径、高度。

8 向结构专业提供大型较重设备和管道的运行重量；

9 与建筑和结构专业共同确定较大设备的运输路线和预留孔洞；

10 提供需结构专业完成的设备基础、混凝土水池、地下集水坑等构筑物的设计资料。

4.1.3 应向电气专业提供电动设备位置及其用电量，消火栓位置，电动或信号阀、报警阀位置，提供自动监控资料要求详见第4.1.5条。

4.1.4 市政供热的热力站设计

1 应确定生活热水供热方案，绘制（或与暖通空调·动力专业共同绘制）生活热水供热系统图，提供用热量；

2 应进行热力站给排水设计。

【说明】本条指由市政供热专业设计单位设计的热力站，如由BIAD设计按本深度规定要求执行。

4.1.5 自动监控设计

1 应确定各系统自动监控原则（就地或集中监控）、监测控制点及联动联锁等控制环节。

2 应向有关专业和单位提供自动监控深化设计资料，包括对监控原理和监控要求的说明、设备表、监控点的平面位置图和系统原理图。

【说明】系统原理图供电气专业绘制监控原理图使用，应反映各典型系统的每个监控项目及其数量。

1）应向电气专业提供所有自动监控设计资料，并配合完成监控原理图和相关说明；

2）采用就地控制时，配合电气专业完成深化设计；要求设备自带监控装置时，配合电气专业向设备供应方提出监控接口条件；

3）采用DDC集中监测或监控时，配合电气专业协调自带监控装置的设备供应方等，与自控深化设计单位配合设计。

4.1.6 气体灭火设计

1 应根据防火规范和建设方使用要求，确定设置气体灭火设施的房间及气体灭火系统规模，确定灭火剂种类，预留钢瓶间位置，并报消防主管部门批准。

2 配合设备供应方出施工图；当设备供应方有设计资质时，应由设备供应方进行施工图设计。

4.1.7 中水机房、管道直饮水机房设计

1 给水排水专业应完成下列工作：

1）进行中水水量及平衡计算，进行管道直饮水系统用水量和设计流量计算；

2）确定系统和水处理流程，确定中水水处理设备或净水设备规模，进行供水设备的选择；

3）进行中水原水收集和供水系统，或管道直饮水系统的整体设计。中水原水收集绘制到中水处理机房或原水调节水池处，供水系统从中水供水设备或中水处理机房开始绘制；管道直饮水供回水管道从供水设备和回水箱或从机房开始绘制；

4）设计机房的给水、排水设施。

2 设备供应方负责水处理及其配套设备的设计、制造、管道安装等。在系统图中可以虚线表示此部分设计。

3 机房面积的确定、设备的布置、调节水池的设计，由给水排水专业和中水设备供应方协商配合完成。

4.1.8 其他专业性较强的工艺设计应预留条件，待设备供应方进行工艺设计后，完成施工图设计。举例如下：

1 游泳池及其机房、洗衣机房、厨房、水景循环水系统、园林灌溉系统等应预留给水、排水等条件；

2 虹吸式屋面雨水排水系统应布置雨水斗，绘制管道走向，并宜初步确定管道管径；

3 太阳能热水系统，除集热器的布置待建设方确定专业生产厂（供应商）后，配合其完成相应的施工图深化设计外，其他设计内容均由设计人员完成。

4.2 施工图说明

4.2.1 设计说明：在初步设计说明（见3.2节）的基础上细化完善。

1 工程概况：参照初步设计说明。

2 设计依据：

1）设计任务书等；

2）执行的现行设计规范和标准。

3 本专业包含的设计内容、范围以及与有关单位协作进行专项（二次）设计的内容和要求；

当本专业的设计内容分别由两个或两个以上的单位承担设计时，应明确交接配合的设计分工范围。

4 应在初步设计说明基础上，按施工图的实际情况简要说明设计项目各系统的设计内容、主要设计参数、各系统的设计意图以及经过计算的各系统用水用热总量。

5 节能、环保措施：说明各系统主要节能方式、噪声与振动控制方式、污水处理方式、卫生防疫主要措施等。

6 绿色建筑设计：当项目按绿色建筑要求建设时，说明绿色建筑设计目标，采用的主要绿色建筑技术和措施。例如可再生能源利用情况、节水与水资源利用方式等（节水系统设置情况、节水器具与设备的使用、非传统水源利用情况等）。

7 给排水和消防系统的监测与控制：说明各系统的监测内容及控制方式等。

8 计算用水用热量，并统计附表：包含生活用水量统计，供暖、空调水系统补水量统计，空调冷却水系统补水量统计，中水量统计及水量平衡，生活热水用水量和耗热量统计，管道直饮水用水量统计以及人造景观雨水利用水量计算表等。

4.2.2 施工说明

1 施工说明应包括以下内容：

1）设计中使用的各系统管道的管材和其他主要材料的性能参数和连接方式；保温材料性能参数及做法；

2）主要设备表和图例没有表示清楚的设备、附件及阀门：各种手动或自立式阀、电动控制或信号阀、减压阀及热水管道补偿器的类型等；消防设施：消火栓、自动喷水（喷雾）等设施的选型；

3）系统工作压力和试压要求；

4）抗震设计措施；

5）采用的标准图集或通用图集；

6）图中尺寸、标高的标注方法；

7）配合土建施工预留洞口等要求；

8）施工安装要求及注意事项，凡不能用图示表达的施工要求，均应以说明表述。

2 有关施工验收规范中明确的要求，可以引用规范，不必重复抄写。

3 有特殊需要说明的可分别列在有关图纸上。

4.2.3 与境外合作的规模大、内容复杂的设计项目，必要时可编写制图说明，说明各类中文和英文简写的对照、各种称谓字母和编号原则（例如建筑分区、房间和机房编号，设备、自控阀等编号，系统、立管的编号等）。

4.2.4 人防工程施工图说明

1 设计说明可仅说明人防概况、战时系统、平战结合及转换方式等，施工说明可仅说明战时的特殊做法，与平时相同的系统、做法可引用总说明，不必重复抄写。

2 人防工程施工图说明的具体内容应包括人防概况、水源情况、用水参数和贮水量、排水设施、给排水系统平战转换、管道的防护密闭措施等。

【说明】人防工程说明应单独编制。

4.3 主要设备表

4.3.1 主要设备表应满足订货需要，应列出主要设备的编号、名称、设计及技术参数、数量、服务区域及安装位置等，备注中可注明设备的备用情况、连锁联动等控制要求和其他需要说明的问题。

【说明】注意应根据计算结果采用设计工况计算数值，不是设备样本上的额定数值。

4.3.2 与人防工程有关的设备应单独编制主要设备表，并宜标注设备选用的图集和对应编号。

4.4 室外总图图纸

4.4.1 室外总图图纸包括图纸目录、图例、施工图说明、总平面图及其他图纸。简单设计项目的图纸目录、图例、施工图说明等可与室内给排水图纸合并。

4.4.2 总平面图

1 应绘制建筑红线内全部建筑物、道路等；应标注指北针、建筑物和道路名称、建筑物定位尺寸或坐标，应标注设计的建筑物的最外轮廓（包括地下）尺寸和室内±0.00绝对标高，当不绘制排水管道高程表或纵断面图时还应标注室外地面主要区域绝对标高。

2 应绘制给排水管道，闸门井、消火栓井、消防水泵接合器（井）、水表井、检查井、化粪池、雨水调蓄池、雨水口和其他给排水构筑物。建筑红线内给排水管道应绘制到与市政或建筑红线范围外管道或构筑物连接点处。图纸应标注管道及构筑物的定位尺寸，标注或编号列表标注构筑物型号及详图索引号。

3 给水管应标注与市政管网或现有管网接口处的管道位置、标高、管径，其他给水管道应注明管径、定位、埋设深度或标高。

4 排水管

1）应标注与市政管网或现有管网接口处的管道位置、标高、管径和排入的市政或现有排水检查井编号；

2）简单设计项目可在平面图标注管径、管道长度、检查井和化粪池等排水构筑物进出口管内底标高；复杂设计项目宜标注排水构筑物编号，并编制管道高程表或绘制纵断面图。

5 复杂设计项目可将给水、排水总平面图分开绘制。

4.4.3 排水管道高程表和纵断面图

1 排水管道高程表应将排水管道的检查井编号、井距，管径、坡度，地面设计标高、构筑物进出口管内底标高等写在表内。

2 地形复杂和管道交叉较多时，应绘制排水管道纵断面图。图中应表示出设计地面标高、排水构筑物进出口管道标高、管径、坡度、井距、井号、井深，并标出交叉管的管径、位置、标高。纵断面图比例宜为竖向 1∶100（或 1∶50，1∶200），横向为 1∶500（或与总平面图的比例一致）。

4.5 室内图纸

4.5.1 室内图纸包括图例（也可包括室外管线等图例）、系统图、各层平面图、详图和剖面图、立管图和局部透视图（轴测图）。

4.5.2 图例要求同初步设计，详 3.4.2。

4.5.3 系统图

1 各类给水（包括生活给水、生活热水、中水给水、管道直饮水、消防给水）等较复杂的系统，应分别绘制轴测系统图或展开系统图（图名均称为“系统图”）。系统简单，且采用立管图、透视图、排水提升详图能够表示清楚时，排水可不绘制系统图。为清楚地表达系统的整体原理，大型复杂设计项目可仅绘制主要干管和用图例表示加压设备等，立支管另外绘制立管图和局部透视图（轴测图）。

2 轴测系统图宜按比例绘制。图中应标明设备编号、管道走向、管径、仪表及阀门、系统编号、与立管和支管连接点的编号或名称等。管道应标注控制标高，宜表示坡度。在必要位置应注明楼层号和地面标高，以表示管道、设备与楼层的关系。

3 展开系统图的立管和所接主要支管数量、立支管与干管的接管关系，消火栓个数，自动喷水（喷雾）灭火系统报警阀和各层各防火分区支路，仪表及阀门的设置等，均应与平面相符。图中应标明管径、系统和立管编号、楼层标高和层数、所接支路的名称或编号。

4.5.4 各层平面图

1 应标注主要建筑尺寸、轴线编号、房间名称。应在图纸显著位置标注本层主要地面标高（当图纸线条较密集时宜将本层主要标高标注在图名下），当该层地面标高不同时应按区域分别标注。大型设计项目分段绘制时，应绘制分段示意图；平面图表示不清防火分区时，宜绘制防火分区示意图。

2 应绘制给排水设备、管道、各种阀门、热水管道固定支架；当由给排水专业进行灭火器布置时，应表示灭火器设置点，并标注或说明灭火器的种类、规格、数量；应标注管径、管道标高、立管编号和主要管道和立管定位尺寸；管道高度变化点应用符号和标高表示。

3 首层平面还应绘出指北针和邻外墙处主要室外标高。首层或地下层平面进出建筑外墙的管道应标注定位尺寸和标高。

4 设备管道复杂和密集处应与其他专业进行管道综合，绘制局部剖面详图，表示设备、管道的详细定位尺寸和安装高度。当剖面图不在本图中时，应注明剖面图的图纸编号。

5 当设备及管道较多处（包括卫生间和设备机房等）另外绘制局部详图时，各层平面图中应绘制进出局部范围的水平管道、局部范围内的立管及立管编号，并用文字说明详图的图纸编号。

6 若管道种类较多，在一张图纸上表示不清楚时，宜分别绘制给排水平面图和消防给水平面图。

7 需另做二次装修的房间，二次装修前的设计图纸自动喷水灭火系统水管可仅表示走向及各段水管控制管径，按常规布置喷头。

4.5.5 详图

1 对于给排水设备及管道较多处，如设备机房（包括排水提升等局部给排水设施）、管井、卫生间等应绘制平面详图，机房等还应绘制剖面详图。

2 平面详图建筑标注和管道标注要求同各层平面图。还应详细标注设备及其基础、卫生器具的定位尺寸等。

3 剖面详图应标注与相应平面对应的轴线号、设备和立管编号，地面、梁、板、吊顶等土建标高或高度，设备及其基础高度、管道的安装高度和管径。平面详图标注不清的定位尺寸应在剖面详图中补充标注。

4 特殊管件等无定型产品又无标准图可利用，需交待设计意图时，应绘制详图。

4.5.6 立管图和局部透视图

1 系统图未绘制的排水系统及其他系统的立管和支管，应绘制立管图和局部透视图。

2 立管图应标注楼层号和标高、立管编号、立支管管径、立管水平位置改变处的管道走向和标高。

3 局部透视图应详细标注所接卫生器具（或设备）图例或名称，所接立管编号、所接干管的图纸编号和节点编号，管道标高或距地高度。卫生间各给排水管道局部透视图宜与卫生间详图绘在一张图上。

4.6 计 算 书

4.6.1 施工图阶段应计算以下内容：

1 各类用水量、排水量、用热量统计计算、中水水量平衡计算；

2 室内生活给水管道设计流量和系统阻力计算，以及必要的减压计算；

3 给水设备选择计算：

1）给水供水设备选择计算（水泵流量扬程、气压罐有效容积、系统启停泵压力等）；

2）生活热水设备选择计算（加热器选择、循环泵流量扬程、膨胀罐容积等）；

3）管道直饮水系统管径计算及设备选择计算（设备产水量、水箱容积、循环泵流量和扬程等）；

4）太阳能生活热水系统设计计算（集热器面积、循环泵流量扬程、贮热、供热水箱容积、辅助热源加热量等）。

4 排水计算：

1）室内主要生活污废水立管和横干管校核计算；

2）室内排水提升设施选择计算；

3）室外生活污水排水校核计算（校核计算管径、排水能力、流速、化粪池容积等）。

5 雨水计算：

1）屋面雨水暴雨强度计算；

2）室内重力流雨水系统悬吊管、立管计算；

3）室外雨水系统设计计算（暴雨强度、综合径流系数、管径、流速等）；

4）北京地区雨水控制与利用计算（外排雨水流量径流系数、雨水调蓄设施容积、年径流总量控制率）。

6 消防给水计算：

1）消火栓系统设计流量、管网水力计算、水泵扬程及系统减压计算；

2）自动喷水灭火系统设计流量、管网水力计算、水泵扬程及系统减压计算；

3）消防给水系统稳压设备选择计算；

4）灭火器配置设计计算。

7 人防工程计算：

1）人防工程战时生活用水、饮用水量及贮水池（箱）的有效容积计算；

2）人防工程战时集水池有效容积计算。

8 其他。

4.6.2 交审和归档的计算书应包括以下文件：

1 给排水计算内容汇总（按4.6.1的顺序列出各项计算内容，手工计算的应有计算过程和计算结果，采用BIAD电算表格的列出附表编号、输入数据和计算结果）。

2 北京市居住建筑需向审查单位提供“设置太阳能生活热水节能判断表。”

三、暖通空调·动力专业

1　投标方案设计

设计文件为设计说明，当文字不足以充分表达时，可辅以图纸。应概述暖通空调·热能动力专业设计的方案要点，提出冷热源形式和节能、环保措施。

2　方案设计

2.1　一般规定

2.1.1　一般设计项目设计文件为设计说明，当文字不足以充分表达时，可辅以图纸。

2.1.2　应配合建筑专业校核建筑方案中建筑层高和主要设备用房的面积和高度，确定冷却塔、烟囱等设备、设施位置。

2.2　方案设计说明

方案设计说明应简述以下内容：

1　供暖、空调的设计参数及设计标准；

2　冷、热负荷的估算数据和冷热源形式；

3　分系统描述供暖、通风、空调、防排烟、冷热源及其他动力系统的设计方案要点；

4　主要节能措施；

5　废气排放处理和降噪、减振等环保措施；

6　需要说明的其他问题。

3　初步设计

3.1　一般规定

3.1.1　设计文件包括设计说明、主要设备表、设计图纸、计算书（内部使用）。

3.1.2　初步设计阶段应解决与其他专业配合的相关问题：

1 应与建筑专业配合，确定设备机房所需面积、高度及位置，主要管井位置及所需面积，冷却塔、烟囱等主要设备和设施的设置位置等；

2 应向结构专业提供大型设备的安装位置及其运行重量，以及其他对结构影响较大的穿洞要求等；

3 应向电气专业提供各系统设备控制原则及方案，提供主要电动设备位置及其用电量。

3.2 初步设计说明

初步设计说明一般包括以下内容：

1 工程概况：项目位置，建筑防火类别，建筑功能组成、建筑面积、建筑层数、建筑高度以及能反映建筑规模的主要技术指标；

2 设计依据：

1）设计任务书等

2）执行的现行设计规范和设计标准；

3 设计范围和与有关单位协作设计的内容；

4 室内外设计参数及设计标准；

5 简述各功能区供暖空调系统形式；

6 冷热源：

1）冷源：说明总冷负荷估算值、制冷机房位置、制冷设备和输配系统配置、冷媒参数等；

2）热源：说明总热负荷估算值、一二次热源、热交换器位置、换热设备和输配系统配置、一二次热媒参数；

3）冷却水系统：说明冷却塔位置、台数，冷却水量，冷却塔和冷却水泵对应关系，冷却水的热量回收或冬季作冷源的措施，冷却水温的控制措施。

7 供暖和空调水系统：

1）供暖和空调水系统：说明水系统制式、系统平衡和调节措施、（补水、膨胀、定压）方式、水质稳定措施、冷热量计量方式等；

2）其他水系统：说明如冷凝水系统、租户冷却水系统等设置形式。

8 空调风系统：

1）风机盘管加新风系统：说明设置区域、（新、排风的）风量平衡、热回收系统的设置区域和热回收方式等；

2）全空气定风量空调系统：说明设置区域、各区域新风比可调范围、新排风的风量平衡；

3）全空气变风量空调系统：说明设置区域、变风量末端类型、变风量控制方式、新排风的风量平衡；

4）空气处理：说明空气净化设施、加湿场所及加湿方式等。

9 通风系统：

1）说明自然通风的设置场所、采用的被动通风技术等；

2）说明机械通风的设置场所（如厨房、车库、锅炉房、制冷机房、变配电室、卫生间、洗衣房、实验室等)、送排风方式、风量的确定方法(如按换气次数、按消除余热量等),风量平衡、送风是否进行冷热处理、是否设置事故通风等。

10 热能动力:说明动力系统概况(锅炉房或热力站设备的配置、燃气气源及供应范围、蒸汽及其凝结水回水、减压方式等),估算用热量、用蒸汽量、用燃气量等。

11 供暖空调系统监控:

说明自动监控原则和主要控制项目;

12 防排烟系统:说明防排烟系统的设置区域、系统形式、设施配置、风量、控制方式,及管道防火措施。

13 节能、环保:说明节能、噪声与振动控制、废气排放等措施。

14 绿色建筑设计:当项目按绿色建筑要求建设时,说明绿色建筑设计目标,采用的主要绿色建筑技术和措施。

15 人防工程:说明人防概况、战时系统、平战结合及转换方式等。

【说明】人防工程说明应单独编制。

16 需提请在设计审批时解决或确定的主要问题。

【说明】初步设计说明应参照 BIAD 初步设计说明模板编写,具体设计项目中没有的内容应删除,未涵盖的应增加。

3.3 主要设备表

主要设备表中应列出主要设备的编号、名称、主要设计及技术参数、数量、服务区域及安装位置等。

3.4 初步设计图纸

3.4.1 初步设计图纸包括目录、图例、系统流程图(原理或示意图)、各层平面图,需要时还应包括总平面图。

3.4.2 图例应包含本工程设计的管道、风道、阀门、附件、构筑物及设备表中未涵盖的设备、装置等内容。各项图例与其他设计图纸中的表示应一致。

【说明】当按 BIAD 统一图例编制时,具体设计项目中没有的图例应删除,未涵盖的应增加。

3.4.3 总平面图

1 当锅炉房(或热力站)、制冷站、冷却塔等冷热源和其他动力供应设施设置在设计的建筑物之外时,应绘制总平面图。当室外无空调、供暖、冷却水管道等,可不绘制总平面图,但应确定燃气和市政一次热源在总平面的管线路由,并在说明中描述清楚,或提供给其他专业在其他总图中表示(给排水总平面图或室外管线综合图)。

2 总平面图绘制要求

1)应绘制建筑红线内全部建筑物和道路等,应标注指北针、建筑物和道路名称、主要标高等;

2)应确定管道埋设方式(直埋、管沟或架空),绘制建筑红线内的供热、供冷和其他动力管道和管沟等构筑物，标注出干管管径。管道应由建筑物绘制至建筑红线内锅炉房（或热力站）、制冷站等，或与建筑红线范围外管道连接点处；

3）应绘制燃气和市政一次热源路由。

3.4.4 系统流程图（原理或示意图）

1 应绘制冷热源系统、空调水系统、供暖系统、通风及空调风路系统、防排烟系统等流程图（原理或示意图）。

2 系统图应表示系统与建筑的关系、系统服务区域名称、设备及主要管道和风道所在区域和楼层，应标注设备编号、主要风道尺寸和水管干管管径、建筑楼层编号及标高。

3.4.5 各层平面图

1 各层平面图应绘制设备、散热器、管道立管和干管。标准层和管道布置相似的各层，可以绘制一张典型平面图。简单设计项目风道和水管等可以绘在一张图上，复杂设计项目可分别绘制。当通风、空调和冷热源机房等设备位置表示不清楚时，宜单独绘制机房设备布置图。

2 风道宜绘制双线图。当建筑平面很大、比例较小，绘制双线图表示不清时，尺寸较小的风道可用单线表示。

3 平面图宜标注立管编号、设备编号，主要风道尺寸。

4 复杂设计项目，需与建筑专业配合确定层高和管井等尺寸时，宜在管道密集处绘制（或与给水排水专业共同绘制）局部剖面或管井详图，并标注管道的管径或尺寸、相对位置尺寸和高度。

3.5 计 算 书

初步设计计算书仅为内部使用，包括以下内容：

1 热负荷、冷负荷计算；

2 蒸汽耗汽量计算；

3 各类空调、通风系统风量计算；

4 空调冷热水量、冷却水量计算；

5 主要风道尺寸、水管管径计算；

6 主要设备选择计算；

7 其他。

4 施工图设计

4.1 一 般 规 定

4.1.1 施工图设计阶段设计文件包括图纸目录、施工图说明、主要设备表、图例、设计图纸、计算书。

4.1.2 应与建筑和结构专业进行下列配合：

1 向建筑专业提供管井、吊顶、管沟等检修孔位置、尺寸，配合管道综合确定吊顶标高、管井尺寸等。配合精装修时，还应提供风口在吊顶上的布置尺寸；

2 计算和提供建筑围护结构传热系数等热工资料，供建筑专业填写建筑热工性能判定表或进行围护结构热工性能权衡判定使用；

3 关注建筑专业确定的防火分区划分；

4 向结构专业提供下列留洞资料：

1）较大尺寸管道穿楼板及混凝土墙的预留洞口的位置、尺寸、高度；

【说明】一般穿楼板及混凝土墙的直径或长边大于等于 300mm 管洞需表示在结构专业图上。

2）穿梁、柱、基础等结构主要受力部位和地下室外墙以及穿人防板、墙的管道和风道预埋套管或密闭套管的位置、管径、高度。

5 向结构专业提供大型较重设备和管道的运行重量；

6 与建筑和结构专业共同确定较大设备的运输路线和预留孔洞；

7 提供需结构专业完成的设备基础、混凝土水池、管沟等构筑物和大型支吊架的设计资料。

4.1.3 应向电气专业提供电动设备位置及其用电量，提供电动（或信号、报警等）水阀、电动风阀位置，提供自动监控资料要求详见第 4.1.6 条。

4.1.4 市政供热的热力站设计

1 应绘制热力系统流程图，以虚线表示由专业设计单位设计部分。应标注出各系统所需热源参数（温度、热量、系统压力等），表示或说明其他要求（与热力站以外系统的关系、水泵是否要求变频及控制原则等）。

2 应进行热力站通风设计。

【说明】本条指由市政供热专业设计单位设计的热力站，当由 BIAD 设计时按本深度规定要求执行。

4.1.5 燃气工程设计

1 应估算并提供建筑物或居住小区的燃气用气总量。

2 应根据燃气供应方式，配合专业设计单位和建筑专业确定调压站、燃气表房等位置，并进行供暖通风设计。

3 应进行住宅建筑厨房管道系统的综合设计，确定燃气管道及配套设施的位置。

4 应配合专业设计单位预留公共建筑室内燃气管道、烟道、燃气计量及其他附属设施的位置。

4.1.6 自动监控设计

1 应确定各系统自动监控原则（就地或集中监控）、监测控制点及控制环节。

2 应向有关专业和单位提供自动监控深化设计资料，包括监控原理和监控要求的说明、设备表、监控点的平面位置和系统原理图。

【说明】系统原理图供电气专业绘制监控原理图使用，应反映各典型系统的每个监控项目及其数量。

1）应向电气专业提供所有自动监控设计资料，并配合完成监控原理图和相关说明；

2）采用就地控制时，由电气专业完成深化设计；要求设备自带监控装置时，应配合电气专业向设备供应商提出监控接口条件；

3）采用DDC集中监测或监控时，配合电气专业协调自带监控装置的设备供应方等，与自控深化设计单位配合设计。

3 配合电气专业，审查自动监控深化设计承包方提供的深化设计图纸。

4 当采用连续调节的电动水阀和蒸汽阀门时，应进行阀门的流量和压差计算，提出订货选型参数。

4.1.7 气体灭火设计

1 应配合建筑专业校核防护单元规模、确定围护结构泄压装置位置等。

2 应设计灭火时风道系统的隔绝设施和灭火后的通风换气设施。

3 应为地下、半地下气体贮存容器间设机械排风装置。

4.1.8 因暂无法确定设备供应方的房间暖通设计举例如下：

1 厨房应预留空调、通风等条件，待厨房灶具等确定后，调整和完成施工图设计；

2 泳池、中水机房、洗衣机房等，应进行通风系统设计。泳池、洗衣机房等根据需要预留加热、蒸汽等条件，待工艺设备确定后，完成施工图设计。

4.1.9 工艺性较强的系统设计举例如下：

1 医疗气体和实验室工艺管道，除建设方另行委托其他单位进行设计外，BIAD应根据建设方提出的工艺要求完成气体等站房至末端设备的设计。设备供应方确定后，由其进行核算、调整，管道连接，附件、仪表选择等深化设计，并负责施工安装；

2 医院手术室洁净空调等特殊空调设计，应确定空调方案并绘制系统图，提供空气处理设备的规格数据，并进行设备布置，预留冷热源，向建筑、结构专业提供风道预留孔洞。待专业设计单位确定后，配合其完成施工图设计；

3 变制冷剂流量多联机等直接蒸发式空调系统设计和制图深度同其他空调系统，但制冷剂管道可不标注管径、详细标高和连接、做法，由设备供应方设计、施工；

4 采用地源热泵等系统时，冷热源机房设计深度要求同常规系统，但地源井侧水系统可不绘制详细施工图，由专业设计单位或设备供应方负责设计、施工。

4.1.10 地板辐射供暖设计

1 当采用发热电缆时，应提供所需供热电功率，配合电气专业预留电源、确定温度控制方式和温控器设置位置，在施工图中可仅表示敷设发热电缆的位置范围，并根据相关设计标准校核预留敷设面积是否满足热负荷需要。

2 当采用低温热水加热管时，除建设方另行委托其他单位进行设计外，应由BIAD进行设计，按照相关技术标准的规定提供设计文件（设计说明和图纸），由加热管供应方进行地埋管的布置调整等和施工。

3 如建设方另行委托其他单位进行设计，BIAD施工图可绘制到分集水器处，并应配合完成以下工作：

1）计算房间热负荷和供热量；

2）确定热水地面供暖类型；

3）确定地埋管敷设范围和校核是否能满足热负荷需要；

4）提供系统的工作压力等参数或计算确定管材、管径及塑料管材壁厚；

5）确定低温热水地板辐射供暖系统的水温和加热管间距，或提供相关计算参数；

6）配合进行分集水器和各加热管分支环路的布置；

7）计算或了解分集水器和加热管阻力，以确定系统阻力和进行水泵等设备选型。

4.1.11 室外热力管网（包括管沟、架空、直埋管道敷设）

1 除建设方另行委托其他单位进行设计外，应由 BIAD 进行施工图设计，包括图纸绘制和强度计算。预制直埋管道及其保温层本身的设计制造由供应方负责。

2 建设方另行委托其他单位进行设计时，应结合室外管道综合进行总平面图设计，但补偿器、固定支架的布置和推力计算由专业设计单位负责。

4.2 施工图说明

4.2.1 设计说明：在初步设计说明（见 3.2 节）的基础上细化完善。

1 工程概况：参照初步设计说明。

2 设计依据：

1）设计任务书等

2）执行的现行设计规范和设计标准。

3 设计范围和与有关单位协作设计的内容。

4 室内外设计计算参数及设计标准。

5 建筑热工设计（建筑类型、围护结构传热系数等）。

6 简述各功能区供暖空调系统形式。

7 在初步设计说明基础上，按施工图的实际情况简要说明设计项目的设计内容、主要设计参数及各系统的设计意图。应分项列出设计项目的供暖、空调、动力的冷、热、蒸汽等总负荷量。当设计项目包括多栋建筑或多个功能分区分别设置独立系统或支路时，应按楼栋或热力入口或支环路分别列出：

1）冷热源：参照初步设计说明，其中总冷、热负荷应为计算值。

2）供暖和空调水系统：参照初步设计说明，另需说明供暖系统热水循环泵耗电输热比、空调冷（热）水系统循环泵的耗电输冷（热）比。

3）空调风系统、通风系统、供暖空调系统检测与监控、防排烟系统以及节能、环保均参照初步设计说明。

4）热能动力：参照初步设计说明，用热量、用蒸汽量、用燃气量等应为计算值。

5）绿色建筑设计：当项目按绿色建筑要求建设时，说明绿色建筑设计目标，采用的主要绿色建筑技术和措施。如说明建筑热工性能（节能判定、墙体传热系数计算）、室内环境（室内设计参数、空气品质控制）、冷热源设备性能参数（性能系数、额定热效率等）、可再生能源（如地源热泵）、蓄能系统、余热利用系统及其他新技术。

4.2.2 施工说明

1 施工说明应包括以下内容：

1）设计中使用的管道、风道、保温等材料及做法；

2）主要设备表和图例没有表示清楚的设备及其附件（包括阀门：水阀和风阀，手动或自立式阀门、电动控制阀或信号阀、防火阀、排烟阀等；散热器；管道成品补偿器等）的选型；

3）系统工作压力和试压要求；

4）抗震设计措施；

5）采用的标准图集；

6）图中尺寸、标高的标注方法；

7）配合土建施工预留洞口等要求；

8）施工安装要求及注意事项，凡不能用图示表达的施工要求，均应以说明表述。

2 有关施工验收规范中明确的要求，可以引用规范，不必重复抄写。

3 有特殊需要说明的可分别列在有关图纸上。

4.2.3 与境外合作的规模大、内容复杂的设计项目，必要时可编写制图说明，说明各类中文和英文简写的对照、各种称谓字母和编号原则（例如建筑分区、房间和机房编号，设备、自控阀等编号，系统、立管的编号等）。

【说明】施工图设计说明和施工说明应参照 BIAD 施工图设计说明模板编写。

4.2.4 人防工程施工图说明

1 设计说明可仅说明人防概况、战时系统、平战结合及转换方式等，施工说明可仅说明战时的特殊做法，与平时相同的系统、做法可引用总说明，不必重复抄写。

2 人防工程施工图说明的具体内容应包括人防概况、冷热源情况、通风量计算、通风空调系统及其平战转换方式、风道和管道的防护密闭措施、管材等。

【说明】人防工程说明应单独编制。

4.3 主要设备表

4.3.1 主要设备表应满足订货需要，应列出主要设备的编号、名称、设计及技术参数（其中冷热源设备应按节能设计标准要求标出其性能系数或额定热效率限值）、数量、服务区域及安装位置等，备注中可注明设备的备用情况、设备之间连锁联动控制等要求和其他需要说明的问题。

【说明】冷热源、空调末端设备应采用设计工况下计算的冷热量、风量值，而不是设备样本上的标准工况值，并注明设计工况。

4.3.2 风机盘管、变风量末端设备、水环热泵室内机、变制冷剂流量多联机的室内机等数量和规格较多的空调房间末端设备，可在每层平面分别统计和列表。

4.3.3 与人防工程有关的设备应单独编制主要设备表。

4.4 室外总图图纸

4.4.1 当需要绘制室外总图时（见初步设计第 3.4.3 条），图纸应包括图例、施工说明、总平面图及其他图纸。简单设计项目的图例、施工说明可与室内图纸合并。

4.4.2 总平面图

1 应绘制建筑红线内全部建筑物、道路等；并标注指北针、建筑物和道路名称、建筑物定位尺寸或坐标，标注设计的建筑物的最外轮廓（包括地下）尺寸、室内±0.00 绝对标高和室外地面主要区域绝对标高。

2 应绘制建筑红线内的供热、供冷、冷却水等管道及其阀门等，并标注管径。管道高度变化时用符号表示，用管道两端标高表示管道坡度，绘制或用文字说明管道的放气阀、泄水阀、疏水装置和就地安装的测量仪表等位置及其做法。应表示管道固定支架和补偿器位置，说明补偿器选型，方形补偿器应注明尺寸，成品补偿器应注明伸缩量。

3 当管道采用管沟敷设时，总平面图应表示管沟及其检查孔、排水井的位置，并标注定位尺寸、沟底标高。管沟断面尺寸不同时，应分别在管道较多处绘制管沟剖面图，表示管沟的结构做法，标注管沟尺寸、埋深和管道的排列尺寸、管径等。

4 当管道采用直埋敷设时，应标注管道的定位尺寸，画出检查室等构筑物并标注定位尺寸。必要时绘制直埋管道剖面和构筑物详图，或引用标准图集。

5 应表示燃气和市政一次热源管道路由。

4.4.3 热力管道纵断面图

小区面积大、地形复杂时，可绘制热力管道纵断面图，比例宜为竖向 1∶100（或 1∶50，1∶200），横向为 1∶500（或与总平面图的比例一致）。纵断面图应表示以下内容：

1 标注管段编号、管段平面长度、管道坡度坡向，设计地面标高；

2 表示放气阀、泄水阀、疏水装置、就地安装的测量仪表等；

3 当采用管沟敷设时，标注沟底标高、管沟断面尺寸；

4 当采用埋地敷设时，标注管道填砂层厚度、埋深。

4.5 室 内 图 纸

4.5.1 室内图纸包括图例、系统图、各层平面图、详图和剖面图、立管图和透视图。

4.5.2 图例要求同初步设计，详 3.4.2。

4.5.3 系统图

1 冷热源系统、空调水系统、供暖系统、蒸汽系统和其他动力管道系统应分别绘制轴测系统图或展开系统图（图名均称为“系统图”）。为清楚地表达系统的整体原理，大型复杂设计项目可仅绘制主要设备和干管，用文字表示立管编号或系统支路的服务对象名称。

2 管道轴测系统图宜按比例绘制。图中应标明设备编号、管道走向、管径、仪表及阀门、系统编号等。管道应标注控制标高，宜标注坡度。在必要位置应注明楼层号和地面标高，以表示管道、设备与楼层的关系。

3 管道展开系统图的主要设备及其数量、立管和所接主要支路数量、立支管与干管的接管关系、仪表及阀门的设置等，均应与平面相符。图中应标明管径、系统编号、楼层标高和层数。

4 空调风道系统、通风系统和防排烟系统应绘制风道系统图。绘制要求如下：

1）应标注设备编号、立管或系统编号，应标注楼层标高和层数、系统服务的区域名称；

2）宜标注设备风量或设备在不同工况时的风量，主要管道和风口的最大风量；

3）与控制和防排烟有关的风阀、风口类型应表示清楚；当风系统控制较复杂时，宜用虚线表示设备、电动风阀的联锁关系；

4）厨房、餐厅等风量平衡关系较复杂的区域，应在该区域同时表示送风（补风）、回风、排风，以及风量平衡关系；

5）机械排烟区域应表示或用文字表示补风方式和来源；

6）平时通风和火灾防排烟合用系统，应在一张图表示其使用和转换关系。

5 冷热源设备、空气处理机组、通风设备等采用DDC集中监控系统时，应配合电气专业完成自动监控原理图，以下为设备专业的配合内容：

1）应用图示表示风系统、水系统原理，确定被控设备、监控点位置、传感器类型（温度、湿度、压力、流量等）；

2）配合电气专业确定输入、输出量的类型（数字量或开关量）和数量；

3）提供控制要求说明和必要的控制参数。

4.5.4 各层平面图

1 对建筑平面图的要求

1）应标注主要建筑尺寸、轴线编号、房间名称；

2）应在图纸显著位置标注本层主要地面标高（当图纸线条较密集时可将本层主要标高标注在图名下），当该层地面标高不同时应按区域分别标注；

3）当有管沟时，应表示管沟位置和地面检查孔位置，标注管沟断面尺寸和入口定位尺寸；

4）首层平面还应绘制指北针和邻外墙处主要室外标高；

5）大型设计项目分段绘制时，应有分段示意图；当平面图表示不清防火分区时，宜绘制防火分区示意图、并标明防烟分区。

2 管道和风道种类较多，在一张图纸上表示不清楚时，宜分别绘制管道（空调、供暖水系统和蒸汽系统等）平面图和风道平面图。

3 管道平面图要求

1）应绘制设备、散热器、管道，以及管道的阀门、放气、泄水、减压装置、疏水器、固定支架、补偿器等；

2）应标注散热器片数或长度。当散热器类型和设备供应方暂无法确定时，可标注每组散热器的散热量，待散热器订货时，确定散热器片数或长度；

3）应标注设备编号、设备定位尺寸，管道管径、标高和立管编号；管道高度变化时应用符号表示，有坡度的管道应用管道两端标高表示。

4 风道平面图要求

1）应绘制设备、风道，以及风阀（包括调节阀、防火阀、排烟阀、电动阀等）、风口、消声器等各种部件。风道应用双线绘制；

2）应标注设备编号和定位尺寸，风道及其定位尺寸、标高，立管和系统编号，风口定位尺寸、名称或编号、气流方向，各房间风量；

3）当设计项目复杂、因每层面积很大而分段出图，在每段平面无法根据立管编号和风口气流方向确定风道用途和风道内气流方向时，应在风道上标注气流方向和与图例对应的风道名称字母缩写；

4）当风口类型、规格较多，平面图上对其表示不清时，宜在每层平面编制本层风口统计表，表示风口编号、名称、尺寸、数量；

5）当风道自控阀门（包括空调通风和防排烟系统）较多，控制关系较复杂时，宜在每层平面编制本层自控风阀统计表，表示阀门编号、与风机等联锁控制关系。

5 设计项目较大，房间内末端设备（风机盘管、变风量末端设备、水环热泵室内机、变制冷剂流量多联机等）较多时，可在各层平面图中编制本层末端设备明细表。

6 设备、管道、风道复杂和密集处应与其他专业进行管道综合，绘制局部剖面详图，表示设备、管道、风道的详细定位尺寸和安装高度。当剖面图不在本图中时，应注明剖面图的图纸编号。

7 当设备、管道、风道较多处（设备机房、管井等）另外绘制局部详图时，各层平面图中应绘制进出局部范围的水平管道和风道、局部范围内的立管、竖风道及其编号，并用文字注明详图的图纸编号。

8 需另做二次装修和其他设计单位做施工图深化设计的区域，可按常规进行设计，二次装修和深化设计前图纸可不标注详细定位尺寸。

4.5.5 详图

1 冷热源、空调、通风等机房，应绘制平面详图和剖面详图。各层平面图中设备、管道、风道较多或风道连接复杂处，平面图表示不清的也应绘制局部平面详图（如管井）或剖面详图（如表示顶部或管沟内管道、风道排列，风道竖向变化等）。

2 平面详图应详细绘制设备、管道、风道、风口、风阀、水阀、仪表等，其标注和建筑尺寸标高标注要求同各层平面图。还应详细标注设备及其基础的尺寸和定位尺寸等。

3 剖面详图应标注与平面对应的轴线号、设备和立管编号，地面、梁、板、吊顶等土建标高或高度，设备及其基础高度、管径和管道的安装高度。平面详图标注不清的定位尺寸应在剖面详图中补充标注。

4 当平面详图和剖面详图不在一张图中时，平面详图应注明剖面详图的图纸编号。

5 设备及零部件施工安装等无标准图、通用图采用，需交待设计意图时，以及空调、供暖末端设备等需统一表示接管及阀门设置时，应绘制详图。

4.5.6 立管图和透视图

1 空调水系统和蒸汽系统采用竖向输送，且系统图和平面图未能表示出立管各段管径和支管分支时，应绘制立管图。

2 共用立管的分户独立供暖系统的户内或小型供暖系统，宜绘制透视图，比例宜与平面图一致。多层、高层建筑的集中供暖系统，应绘制供暖立管图。供暖透视和立管图应用标准立管详细表示同类立支管和散热器的阀门设置、放气、泄水、接法等。

3 立管图和透视图应标注楼层号和标高、立管编号、立支管管径、立管水平位置改变处的管道走向和标高、散热器数量、坡度等。

4.6 计 算 书

4.6.1 供暖设计计算应包括以下内容：

1　供暖房间耗热量计算及建筑物供暖总耗热量统计；

2　散热器等供暖设备的选择计算；

3　供暖系统水力计算及系统循环泵选择计算；

4　供暖管道热补偿计算；

5　其他。

4.6.2　通风与防排烟设计计算应包括以下内容：

1　通风量（包括风量平衡及热量平衡）计算；

2　防烟、排烟、补风量计算；

3　通风、防排烟系统风道阻力计算；

4　通风和防排烟系统的设备选型计算；

5　其他。

4.6.3　空调设计计算应包括以下内容：

1　空调房间冷热负荷计算及建筑物总冷热负荷统计；

2　空调系统末端设备（包括空气处理机组、新风机组、风机盘管、变制冷剂流量室内机、变风量末端装置等）的选择计算；

3　空调冷热水、冷却水系统水力计算及系统循环泵选择计算；

4　空调热水管道热补偿计算；

5　空调风系统阻力计算；

6　空调区域必要的气流组织计算；

7　其他。

4.6.4　冷热源设计计算应包括以下内容：

1　冷热源设备（冷水机组、热交换器、热水机组等）选择计算；

2　冷热源定压补水设备选择计算；

3　空调冷热水、冷却水系统水力计算及系统循环水泵选择计算；

4　采用冷却塔供冷系统时的设计计算；

5　采用蓄能系统时的设计计算；

6　其他。

4.6.5　其他热能动力室内管道设计计算应包括以下内容：

1　室内蒸汽和凝结水管道的管径，以及疏水器、减压装置、凝结水回收装置等附件和设备的选择计算（系统较简单的可在计算草图上注明数据不另做计算书）；

2　压力管道和高温介质管道应作的补偿器选择计算和固定支架推力计算（标准图集或通用图集中涵盖的支架可直接选用）。

4.6.6　室外管线设计计算应包括以下内容：

1　热力管网水力及平衡计算；系统复杂时应画热力管网水压图；

2　热力管道的补偿器选择和固定支架推力计算（标准图集或通用图集中涵盖的支架可直接选用）。

4.6.7　节能计算：

1　冷源系统综合性能系数 SCOP 计算；

2　供暖水系统耗电输热比 EHR-h、空调水系统耗电输冷（热）比 EC（H）R-a

计算；

3　空调风系统和通风系统单位风量耗功率计算；

4　地方节能设计标准要求提供的其他节能计算文件。

4.6.8　人防计算：

1　防护单元清洁通风量、滤毒通风量及隔绝防护时间计算；

2　人防工程柴油发电机房进、排风量计算。

4.6.9　提供审查和归档的计算文件应包括以下内容：

1　计算书

1）暖通空调·动力专业计算内容汇总（按第4.6.1~4.6.7的顺序详细写出各项计算内容，手工计算的应有计算过程和计算结果，采用电算表格的列出附表编号和计算结果，计算表的输入数据中包含管段编号的应附上相对应的简图）；

2）采用电算表格或电算程序的输入数据和最终计算结果，应注明电算程序来源和名称。

2　北京市居住建筑需提供审查单位以下节能设计计算资料：

1）供暖热负荷计算书；

2）采用集中空调系统时，空调冷负荷计算书；

3）进行室外供热管网设计时，其管网水力平衡计算书；

4）节能判定表

① 暖通系统节能判定表；

② 建筑物热工性能计算判定表（由建筑专业提供）；

③ 采用电供暖节能判定表。

3　北京市公共建筑需提供审查单位以下节能设计计算资料：

1）建筑物冷热负荷计算书；

2）空调、供暖水系统管网水力平衡计算书；

3）节能直接判定表和计算表（只需填写和提交工程中存在的项目）

① 暖通总体节能判定表；

② 直接电加热热源判定表；

③ 冷热源设备节能判定表；

④ 全空气系统节能判定表；

⑤ 集中新风系统、全空气直流系统、热回收双向换气机节能判定表。

4）进行空调系统权衡判断时，其计算输出报告和电子版程序文件。

4　其他地区设计项目应根据有关节能标准或规定以及当地审查单位要求，提供节能设计计算资料。

电气专业篇

电气专业篇

目录

1 投标方案设计

1.1 一 般 规 定

1.1.1 电气专业应为建筑投标方案设计提供专业技术支持（主要解决一般性功能问题），配合建筑方案提供主要电气系统机房位置及控制性面积指标。

1.1.2 输出设计文件为设计说明书，一般情况下不提供专业图纸，若招标文件有要求时可绘制指定内容的专业图纸。

1.2 投标方案设计说明

1.2.1 招标文件对电气设计项目内容有明确规定者，按规定编制说明。

1.2.2 招标文件未做出明确规定者，根据建筑物等级、使用性质，重点确定与市政条件有关的电源系统和智能化系统等要求并编制设计说明，可视设计项目具体情况对设计依据、用电性质、负荷等级、用电负荷、供电措施、设计标准和主要电气系统内容等做概要说明。

2 方 案 设 计

2.1 一 般 规 定

2.1.1 电气专业应为建筑方案的调整和深化设计提供技术支持，配合建筑方案提供并校核主要电气系统机房面积、位置、主要管线通道设置以及对建筑方案产生重大影响的电气设计条件。

2.1.2 电气专业应根据设计项目具体规模和政府有关主管部门相关要求提供如开闭站、模块局等市政机房的位置及控制性面积指标。当智能化进行专项设计时应执行住房和城乡建设部《建筑工程设计文件编制深度规定（2016版）》的相关规定。

2.1.3 输出设计文件为设计说明书，一般情况下可不提供专业图纸，若设计项目有要求时可绘制指定内容的专业图纸。

2.2 方案设计说明

2.2.1 设计依据

1 本设计项目采用的主要法规及标准。

2 简述建设方和政府有关主管部门对设计项目提出的书面要求。

2.2.2 设计范围

1 根据设计任务书和有关设计资料说明电气专业的设计内容。

2 本设计项目拟设置的电气系统。

2.2.3 变、配、发电系统

1 确定负荷级别。

2 按负荷等级估算容量。

3 根据负荷性质和负荷估算容量提出电源要求，包括：城市电网提供电源的电压等级、回路数和容量等技术指标。

4 拟设置的变电、配电和发电站数量和位置。

5 确定自备应急电源的形式、电压等级和估算容量等。

2.2.4 照明、防雷和接地等系统设计的相关内容。

2.2.5 火灾自动报警及联动控制和智能化等系统设计的相关内容。

2.2.6 建筑电气节能设计目标及措施。

2.2.7 当项目按绿色建筑要求建设时，说明绿色建筑设计目标，采用的主要绿色技术和措施。

2.2.8 其他建筑电气系统对城市公用事业的需求。

2.2.9 其他需要说明的内容。

2.3 专 业 配 合

2.3.1 应与建筑专业配合，确定主要电气系统机房面积、位置及主要管线通道设置方案，提供会对建筑方案产生重大影响的电气设计条件。

2.3.2 应向结构专业了解其主要结构形式，提供会对结构方案产生重大影响的电气设计条件。了解结构形式、柱网布置及剪力墙可能布置位置等，以便配合建筑专业确定主要电气系统机房位置。

2.3.3 应向设备专业了解其主要系统形式及主要用电设备的容量及分布，并要求其提供对电气方案产生重大影响的设备条件。

3 初 步 设 计

3.1 一 般 规 定

3.1.1 应根据已批准的方案设计文件，通过与建筑等其他专业的配合及初步的设计计算，对本专业设计方案或重大技术问题的解决方案进行综合技术分析，论证技术上的适用性、可靠性和经济上的合理性。对于复杂和特殊工程，为确保电气方案相对安全和优化，必要时应进行电气设计多方案比较。当智能化进行专项设计时应执行住房和城乡建设部《建筑工程设计文件编制深度规定（2016版）》的相关规定。

3.1.2 输出设计文件应包括设计说明书、初步设计图纸、计算书（供内部使用）、主要电气设备表等。

3.1.3 通过初步设计文件，应对电气系统的创新设计理念、新技术、新材料的采用进行详尽阐述；应能体现对电气系统选用标准的把握和量化控制。

3.2 初步设计说明

3.2.1 根据设计项目的设计范围编写第3.2.2～3.2.30条中所涉及的电气系统的设计说明，其中建筑概况、总体设计范围与分工由建筑专业统一编写。

【说明】初步设计说明编制要求可参见BIAD初步设计说明模板的规定编写。

3.2.2 设计依据

1 本设计项目所采用的主要法规和国家及地方电气设计标准、规范和规程（包括标准的名称、编号、年号和版本号）。

2 批准的方案设计文件、专家论证会的会议纪要等。

3 建设方提供的有关政府主管部门（如供电、消防、通信、公安、人防等）认定的工程设计资料。

4 建设方提出的符合有关法规、标准与电气设计有关的合理的书面要求。

5 相关专业提供的设计项目资料。

3.2.3 设计范围

1 设计分工

1）根据设计任务书和有关设计资料说明电气专业的设计内容以及与相关专业的分工和分工界面；

2）对于合作设计、分包设计、技术配合等不同设计模式应根据有关设计合同规定详细说明设计分工界面。

2 本设计项目拟设置的电气系统。

3.2.4 变、配、发电系统

1 确定负荷等级和各等级负荷容量，对于人防工程还应确定战时负荷等级和各等级的负荷容量。

2 确定供电电源条件，包括：

1）电压等级；

2）要求外供电源容量及回路数量、专用线或非专用线；

3）线路敷设方式（埋地或架空）及线缆型号；

4）系统近远期发展情况；

5）对于人防工程应确定电源引入要求，如区域电源或内部柴油电站等。

3 确定备用电源和应急电源形式、性能要求和容量。有自备发电机时，说明启动方式及与市电网关系。

4 确定高、低压供电系统接线形式及运行方式，包括：

1）正常工作电源与备用电源之间的关系；

2）母线联络开关运行和切换方式；

3）变压器之间低压侧联络方式；

4）重要负荷的供电方式等。

5 确定变、配、发电站的下列内容：

1）位置、数量，包括变压器、发电机等设备数量；

2）容量，包括设备安装容量、计算有功、无功、视在容量；

3）型式（户内、户外或混合），系统设备技术条件和选型要求，电气设备的环境特点；

4）对于人防工程，当需要在其内部设置柴油电站时，要与建筑、结构、设备等相关专业配合确定发电机房的位置、面积及相关配套设计的预留条件。

6 保护接地系统形式。

7 继电保护装置的设置。

8 电能计量装置

1）采用高压或低压；

2）采用专用柜或非专用柜（满足供电部门要求和业主内部核算要求）；

3）监测仪表的配置情况等。

9 功率因数补偿方式：说明功率因数是否达到供用电规则的要求，应补偿容量和采取的补偿方式及补偿前后的结果。

10 谐波：说明谐波治理措施。

11 控制、操作和信号：说明高压（低压）设备控制、操作电源和运行信号装置的配置情况。

12 配电系统

1）确定配电方式（树干、放射式等）；

2）确定对重要负荷、特别重要负荷和其他负荷的供电措施；

3）确定进出线回路型号、敷设方式。对于人防工程还包括线路防护密闭措施；

4）选用母干线、电缆、导线的材质和型号；

5）配电柜（箱）、控制箱、开关、断路器、插座等配电设备选型及安装方式；

6）电动机启动及控制方式的选择等。

3.2.5 照明系统

1 照明种类、电压等级、照度标准及照明功率密度值等技术指标。

2 光源及灯具的选择、照明灯具的安装及照明控制方式等。

3 照明线路的选择及敷设方式和灯具接地要求等。

4 室外照明的种类（如路灯、庭院灯、草坪灯、地灯、泛光照明、水下照明等）、电压等级、光源选择及照明控制方式、线路的选择和敷设方式以及接地方式等。

5 应急照明的电源型式、照度值、灯具配置、线路选择、敷设方式、持续时间和控制方式等。

3.2.6 建筑物防雷

1 根据建筑物性质和年预计雷击次数确定防雷类别和建筑物电子信息系统雷电防护等级。

2 防直击雷、防侧击雷、防雷击电磁脉冲和防高电位侵入的措施。

3 当利用建（构）筑物混凝土内钢筋做接闪器、引下线、接地装置时，应说明采取的措施和要求。

3.2.7 接地及安全

1 本设计项目各系统要求接地的种类及接地电阻要求。

2 总等电位、局部等电位等装置的设置要求。

3 接地装置要求，当接地装置需做特殊处理时应说明采取的措施、方法等。

4 安全接地及特殊接地的措施。

5 人防工程应补充人防部分的接地要求。

3.2.8 机房工程

1 机房工程所包括的系统范围。

2 机房位置、面积、数量、机房等级要求等。

3 对建筑环境的要求，包括建筑装饰、照明、空气质量、电磁环境等。

4 供电电源、防雷接地系统要求等。

【说明】视设计项目规模可将机房工程设计要求归入相关系统设计说明中。

3.2.9 通信网络系统

1 根据建设方信息通信业务的需求确定用户接入通信网方式，确定通信线路容量及网络线路组成和进线引入位置及敷设方式等。

2 根据设计项目性质、功能和近远期用户需求确定电话系统实现的方式；确定进出线位置和敷设方式。

3 对设计项目中不同性质的直线电话、内线电话、专线电话等端口配置应按需求分别统计其数量，并适当预留裕量。

4 当设置用户交换机时，选择和确定电话交换配线设备容量，并适当预留裕量。

5 确定室内配线及敷设要求。

6 结合相关系统确定电话机房、通信接入机房的位置。

7 防雷接地、工作接地方式及接地电阻要求。

3.2.10 计算机网络系统

1 系统组成及网络结构。

2 确定机房位置、网络连接部件配置。

3 网络操作系统，网络应用及安全。

4 传输线缆选择及敷设方式。

3.2.11 综合布线系统

1 根据设计项目的性质、功能、环境条件和近、远期用户需求确定综合布线的类型及配置标准。

2 系统组成及设备选型。

3 确定综合布线系统交换、配线设备规格及信息终端的配置。

4 传输电缆选择及敷设方式。

5 结合相关系统确定机房位置。

3.2.12 有线电视及卫星电视接收系统

1 确定系统规模、网络模式、传输方式和用户输出口电平值等。

2 节目源选择。

3 前端设备配置。

4 确定机房位置。

5 确定用户分配网络、用户终端数量、导体选择及敷设方式。

6 预留室外设备的安装条件。

7 根据建筑物的功能需要，按照国家相关部门的管理规定，配置卫星电视接收和传输系统。

3.2.13 公共广播、扩声系统

1 系统组成，包括与应急广播的接口关系。

2 输出功率、馈送方式。

3 广播设备的选择。

4 传输线缆选择及敷设方式。

5 结合相关系统确定机房位置。

3.2.14 同声传译系统

1 系统组成。

2 设备选择及声源布置的要求。

3 同声传译方式。

4 传输线缆选择及敷设方式。

5 确定机房位置。

3.2.15 会议系统

1 根据建设方对会议系统的使用需求及有关标准，确定会议系统功能及组成。

2 通过对会议场所的分类分析配置会议系统设备及确定管理系统模式。

3.2.16 呼应信号及信息显示系统

1 系统组成及功能要求。

2 信息源确定。

3 显示装置安装部位、种类。

4 显示装置规格。

5 传输线缆选择及敷设方式。

6 结合相关系统确定机房位置。

3.2.17 时钟系统

1 系统组成、子钟的安装位置和形式。

2 设备选型。

3 传输线缆选择及敷设方式。

3.2.18 建筑设备监控系统

1 系统组成及功能、设备监控要求及监控点数量估算。

【说明】根据设备专业提供的设备监控要求说明、设备表等相关技术资料估算监控点数量。

2 设备选型要求。

3 传输线缆选择及敷设方式。

4 监控室位置。

3.2.19 安全技术防范系统

1 根据设计项目的性质、规模确定风险等级、系统组成和功能。

2 安全防范区域及防护区的划分、控制、显示及报警要求。

3 摄像机、入侵报警探测器安装位置的确定。

4 访客对讲、电子巡查、出入口控制等子系统配置地点、数量及监视范围。

5 设备选型、传输线缆选择及敷设方式。

6 监控室位置。

7 其他特殊防范技术要求。

3.2.20 停车库（场）管理系统

1 系统组成及功能要求。

2 监控室位置。

3 传输线缆选择及敷设方式。

3.2.21 专业业务系统

1 根据设计项目的性质、规模确定专业业务系统的组成和功能。

2 办公建筑根据业务特征提供专业业务系统要求。

3 商业建筑提供商业管理，POS机、客流统计等系统要求。

4 酒店建筑提供酒店管理、客房集控系统、VOD点播系统要求。

5 医疗建筑提供医疗信息管理系统、候诊呼叫信号系统、视频示教系统、护理呼应信号系统、病房探视系统、婴儿防盗系统要求。

6 体育建筑提供计时记分、现场成绩处理、现场影像采集及回放、电视转播和现场评论、售检票、升旗控制、储物柜管理等系统要求。

7 文化建筑、教育建筑、交通建筑、媒体建筑等其他建筑类型，根据建筑的业务特征提供专业业务系统要求。

3.2.22 物业运营管理系统

根据设计项目性质、规模和管理模式确定系统的组成和功能。

3.2.23 智能卡应用系统

根据设计项目性质、规模和管理模式确定系统的组成和功能。

3.2.24 智能化系统集成

1 确定系统集成形式及功能要求。

2 设备选择。

3.2.25 电气节能设计

1 设计目标。

2 设计拟采用的节能环保措施。

3 表述节能产品的应用情况。

3.2.26 电气绿色设计

1 设计目标。

2 设计拟采用的绿色技术和措施。

3 分项说明可再生能源利用系统设计原则及部位、系统组成与功能、与电力系统的关系。

3.2.27 电气消防系统

1 火灾自动报警及联动控制系统：

1）根据建筑性质确定系统的形式和组成。

2）消防控制室位置的确定和要求。

3）火灾报警控制器、消防联动控制器、火灾探测器、手动火灾报警按钮、区域显示器、火灾警报器、消防控制室图形显示装置、短路隔离器、模块等系统设备的设置要求。

4）火灾自动报警与消防联动控制要求、控制逻辑关系及控制显示要求。

5）火灾应急广播、消防通信系统概述及设备容量。

6）消防主电源、备用电源供给方式、接地及接地电阻要求。

7）传输、控制线路选型及敷设方式。

8）当有智能化系统集成要求时，应说明火灾自动报警系统与其他子系统的接口方式及联动关系。

9）应急照明的电源形式、灯具配置、线路选择及敷设方式和控制方式等。

10）需提请在初步设计审批时解决或需经性能化设计后方可确定的主要问题。

2 电气火灾监控系统：

1）确定系统组成、功能要求及与相关系统的接口条件；

2）线路选型及敷设方式。

3 可燃气体探测报警系统：

1）确定系统组成、功能要求及与相关系统的接口条件；

2）线路选型及敷设方式。

4 消防电源监控系统：

1）确定系统组成、功能要求及与相关系统的接口条件；

2）线路选型及敷设方式。

5 防火门监控系统：

1）确定系统组成、功能要求及与相关系统的接口条件；

2）传输、控制线路选型及敷设方式。

3.2.28 设计中采用的标准图集名称、编号以及图集使用的补充或修改说明。

3.2.29 其他需要说明的内容。

3.2.30 需提请在初设审批时解决或确定的主要问题，需由建设方进一步提供的技术资料内容。

3.3 初步设计图纸

3.3.1 对于特别简单的设计项目，当建设方和合同中无特殊要求时可以仅提供用于报送政府有关主管部门（如人防、消防等）的初步设计图纸，不提供其他系统设计图纸，但应向经济专业提供编制概算所需的电气专业各系统相关资料及附加的文字说明。

【说明】对于特别简单设计项目的界定可参见《BIAD 质量管理体系文件》设计过程指导书中有关规定。

3.3.2 初步设计图纸包括图纸目录、图例，变、配、发电站，配电、照明、防雷与接地，火灾自动报警及联动控制、电气火灾监控和智能化等系统内容，需要时还包括总平面图等。

3.3.3 电气总平面图（仅有单体设计时，可无此项内容）

1 标示建（构）筑物名称、供电容量。

2 高、低压线路及其他系统线路走向和回路编号，导线及电缆型号规格、架空线杆位，路灯、庭院灯的杆位（路灯、庭院灯可不绘线路）和重复接地点等。

3 变、配、发电站位置，编号和相应容量；

4 平面图纸应标注比例、指北针等。

3.3.4 变、配、发电站系统

1 高、低压供电系统图

1）注明开关柜编号、型号及回路编号、一次回路设备型号；

2）设备容量、计算电流、补偿容量，导体型号规格、用户名称、二次回路方案编号。

2 平面布置图

1）应包括高压低压开关柜、变压器、母干线、发电机、控制屏、直流电源及信号屏等设备平面布置和主要尺寸；

2）标示房间轴线位置（包括电缆夹层或电缆沟等）、层高（包括电缆夹层高度或电缆沟深度等）及相对标高。

3 平面及详图应标注比例

3.3.5 配电系统

1 主要干线平面布置图。

2 对于人防工程还应包括战时口部穿墙套管位置，各防护单元配电盘（柜）安装位置、三种通风方式信号控制箱布置平面图。

3 竖向干线系统图（包括配电及照明干线、变配电站配出回路及回路编号）。

4 平面图纸应标注比例。

3.3.6 照明系统

1 对于特殊设计项目，如大型体育馆（场）、航站楼、影剧院等，有条件时应绘制照明平面图。该平面图应包括灯位（含应急照明灯位）、灯具规格、配电箱（或控制箱）位，不需连线。

2 平面图纸应标注比例。

3.3.7 防雷与接地系统

1 一般不绘制图纸，视设计项目规模和特殊要求只绘制顶视平面图和接地平面图。

2 人防工程接地要求可视需要随主体接地平面图或其他人防图纸表示。

3 平面图纸应标注比例。

3.3.8 智能化系统

1 根据设计项目的设计范围绘制各相关系统的系统图。

2 智能化各系统及其子系统的干线桥架走向平面图。

3 各机房、控制室设备平面布置图（根据系统规模若在相应系统图中说明清楚时，可不绘制此图）。

4 平面图纸应标注比例。

3.3.9 电气消防系统

1 火灾自动报警及联动控制系统

1）火灾自动报警及联动控制系统图。

2）火灾探测器、手动火灾报警按钮、消火栓按钮、消防固定电话、消防系统受控设备等消防设备布置平面图。

3）消防控制室设备布置平面图。

4）结合本工程广播系统形式绘制应急广播系统图（或与火灾自动报警及联动控制系统图合并）。

5）应急照明及疏散指示标志布置平面图。

6）根据工程规模及消防主管部门要求提供消防系统设备配电干线系统图。

7）平面图纸应标注比例。

【说明】本条文规定的设计文件内容为一般要求，若与消防主管审查部门要求有出入时，应按其要求进行相应调整。

2 电气火灾监控系统

1）电气火灾监控系统原理图；

2）各监测点名称、位置（根据系统规模可在相应系统平面图中说明、表示）。

3 可燃气体探测报警系统

1）可燃气体探测报警系统原理图；

2）各监测点名称、位置（根据系统规模可在相应系统平面图中说明、表示）。

4 消防电源监控系统

1）消防电源监控系统原理图；

2）各监测点名称、位置（根据系统规模可在相应系统平面图中说明、表示）。

5 防火门监控系统

1）防火门监控系统原理图；

2）各监测点名称、位置（根据系统规模可在相应系统平面图中说明、表示）。

3.3.10 当项目按绿色建筑要求建设时，图纸中应表示相关绿色建筑设计技术的内容。

3.4 主要电气设备表

主要电气设备表应注明主要设备名称、技术参数、单位、数量等。

3.5 初步设计计算书

3.5.1 计算文件内容包括：

1 用电设备负荷计算；

2 变压器、柴油发电机、EPS、UPS 选型计算；

3 电缆选型计算；

4 典型回路电压损失计算；

5 系统短路电流计算；

6　典型场所照度值和照明功率密度值计算；

7　防雷类别的选取或计算。

3.5.2　各系统计算结果应标示在设计说明及相应图纸中，因条件不具备不能进行计算的内容，应在初步设计中说明，并应在施工图设计时增补计算。

3.6　专业配合

3.6.1　应与建筑专业配合，落实电气用房、主干线路敷设以及与建筑形式有关的主要电气设计条件，包括：

1　应向建筑专业提供电气用房基本设计要求；

2　应与建筑和结构专业共同配合确定大型设备的运输路线和预留孔洞；

3　应与建筑专业配合，确定室内外主要管线的敷设方式及敷设路径，对于管线复杂的设计项目，应会同设备等其他专业综合考虑确定主要管线的敷设路径及敷设方式；

4　对于大型金属屋面或其他特殊形式屋面的设计项目，应与建筑、结构专业配合，确定电气防雷接地系统设计要求及相关做法。

【说明】第1款中电气用房一般包括：开闭站、变电室、柴油发电机房、智能化系统机房、消防控制室、电气小间、电气竖井、电缆夹层等。

基本设计要求一般包括：房间位置、高度、面积、数量等。对于柴油发电机房还需配合设备专业共同确定如进风、排风、排烟通道的位置、尺寸以及明确电气用房对周围环境的要求等。

第3款中对室内部分，要向建筑专业落实楼板厚度和垫层厚度及做法，以确定电气管线的敷设位置；对于管线复杂的设计项目，例如需要设置专用（或综合）管廊、管沟时，需会同设备等其他专业综合考虑提出管廊、管沟的布置位置、走向、尺寸和做法要求等。

对室外部分，应与建筑专业配合，确定电气各系统引入线在总平面中的位置和标高等，当按要求需设置室外电缆沟或电缆隧道时，需会同设备等其他专业综合考虑提出电缆沟或电缆隧道的布置位置、走向、尺寸和做法要求等。

第4款中应向建筑结构专业了解屋面材料的材质、厚度、导电性能、细部结构（如与保温防水层的关系，具体做法等）、钢结构的贯通条件等主要资料，综合协调后确定电气防雷接地系统设计方案。

3.6.2　应与结构专业配合，落实影响结构构件设计和钢结构、预应力结构等特殊结构形式有关的主要电气设计条件，包括：

1　应向结构专业提供与结构构件设计有关的荷载大小和位置，以及影响结构构件布置的管线、洞口等设计资料；

2　应与建筑和结构专业共同配合确定大型设备的运输路线和预留孔洞；

3　应与结构专业配合，确定与钢结构设计有关的电气设计条件；

4　应与结构专业配合，确定与预应力结构设计有关的电气设计条件；

5　视需要要求结构专业提供各楼层结构布置平面图；

6　了解结构基础形式，以便确定设计项目接地装置形式。

【说明】第1款中“有关荷载”一般包括：变压器、发电机、高/低压配电柜、直流屏、大型 UPS、EPS、大型显示屏和卫星电视天线等设备重量。

向结构专业提供上述设备的基本平面布置图，如变电室平面、发电机房平面等。

影响结构构件布置的管线、洞口一般包括：较集中的电缆桥架（托盘、线槽）穿越结构墙、板时的走向、位置。梁上穿洞大致数量和尺寸，混凝土结构墙上宽度大于等于600mm 的洞口，楼板上长度大于等于 1000mm 的洞口，无梁楼盖托板和柱上板带处洞口，以及密集布置的洞口等。

第 3 款中所有在钢结构上安装设备、固定支架、敷设管线等电气设计要求，均应与结构负责人协商并配合设计确定做法。

按结构专业要求提供相关设备的重量、尺寸、安装位置等资料。

第 4 款中所有在预应力结构板上安装设备、固定支架、敷设管线（板内）等电气设计要求，均应与结构负责人协商并配合设计确定做法。

需要吊挂安装的电缆桥架（托盘、线槽）等设备需与结构专业配合确定大致走向及预埋件做法（视需要确定）。

3.6.3 应与设备专业配合，落实与设备供配电及控制方案等有关的主要电气设计条件，包括：

1 确定设备机房内配电/控制室（需要独立设置时）的位置、面积；

2 确定主要电气机房的消防灭火形式及控制要求等；

3 向设备专业提供主要电气机房对环境条件的要求及主要电气设备的发热量等；

4 应要求设备专业提供各系统设备控制原则及方案；

5 应要求设备专业提供主要设备设置位置、用途、数量、用电性质、用电量及使用率；

6 应要求设备专业提供消防系统主要受控阀门位置、用途等参数。

【说明】第 3 款中环境要求一般包括：温度、湿度、通风换气要求以及用水点位置（如开闭站、变电室区域内的卫生间）、采暖要求（如发电机房的暖气）等。

第 4 款中设备各系统控制方案和规模可能会直接影响建筑设备管理系统的设计规模和造价，因此需要在本阶段与设备专业配合确定其控制原则及方案。

第 5 款中主要设备一般包括：空调、制冷、采暖、通风、生活及雨污水、热水、中水、消防系统等设备。

3.6.4 应向经济专业提供设计说明、主要设备材料表和电气系统图及平面图（当根据相关规定可不提供设计图纸时，应向经济专业提供编制概算所需的电气各系统相关资料及附加的文字说明）。

4 施工图设计

4.1 一般规定

4.1.1 电气专业应根据已批准的初步设计文件（当无初步设计阶段时，可以以被批准的方案为基础)，通过与建筑等其他专业的配合及设计计算，使施工图设计安全适用、经济合理、完整、准确。当智能化进行专项设计时应执行住房和城乡建设部《建筑工程设计文件编制深度规定（2016 版)》的相关规定。

4.1.2 输出设计文件应包括电气专业设计说明书、施工图设计图纸、主要电气设备表、计算书（供内部使用及存档）等电气专业施工图设计文件。

4.1.3 通过施工图设计文件，应详细、量化、准确地表达电气系统的设计内容以及采用电气设备、材料的使用要求等，对施工方、施工作业的特殊要求等进行详尽说明。

4.2 施工图设计说明

4.2.1 简述设计项目概况，应将经初步设计审批定案（或方案）的主要指标录入，包括建筑类别、性质、面积、层数、层高、高度、板厚、垫层厚度、吊顶情况和结构形式等。当项目含有人防设施时，还应包括防空地下室所在层数和防护单元数量，战时和平时的使用性质，防护单元防护抗力等级、人防建筑面积、柴油电站设置情况等。

4.2.2 设计依据

1 设计项目所采用的主要法规和国家及地方电气设计标准、规范、规程。

2 批准的初步设计文件、初步设计审批意见（当无初步设计阶段时，可以以被批准的方案文件为基础）和专家论证会的会议纪要等。

3 建设方提供的有关政府主管部门（如供电、消防、通信、公安、人防等）认定的工程设计资料。

4 建设方提出的符合有关法规、标准与电气设计有关的合理的书面要求。

5 相关专业提供的设计项目资料。

4.2.3 对于改造项目应向建设方收集了解原有设计项目的设计资料和设计依据

1 原有供电电源情况，包括电源进线位置、容量、回路数量等。

2 原有防雷接地系统的设计原则、装置现状及有关检测结果等。

3 原有电气设备的使用情况，进行“利用、改造或重新选型”等定性分析。

4 原有电气系统线缆的使用情况，进行“利用、改造或重新选型”等定性分析。

5 原有设备的控制原则，对不满足使用要求的部分进行调整。

6 对智能化系统进行需求调研，包括原系统形式、机房设置、设备及布线情况等。

7 了解现有建筑、结构形式以及与改造项目相关的设备等其他系统技术资料。

4.2.4 设计范围

1 设计分工

1）根据设计任务书和有关设计资料说明电气专业的设计内容，以及与相关专业的分工和分工界面；

2）对于合作设计、分包设计、技术配合等不同设计模式应根据有关设计合同规定详细说明设计分工界面。

2 对经初步设计（当无初步设计阶段时，可以以被批准的方案为基础）审批确定设置的电气系统，按系统分项说明。

3 对于改造设计项目还要重点说明改造的内容、范围与原设计项目的接口关系等。

4.2.5 分项说明各系统的施工要求和注意事项，一般包括：

1 主要电气设备材料选型技术要求；

2 线路敷设及设备安装等具体要求；

3 需配合土建等专业施工预留条件的设计要求及做法；

4 对设备安装、施工做法有尺寸限制或其他特殊要求的应详尽说明；

5 与系统承包方、设备供应方的设计施工接口技术要求；

6 人防工程平战转换对设备安装的要求，如：柴油电站、EPS、UPS 自备电源等。

【说明】本条说明内容可视需要分别在相关设计图中表示。

4.2.6 设备加工订货技术要求（亦可附在相应图纸上）。

4.2.7 防雷及接地保护等其他系统有关内容（亦可附在相应图纸上）。

4.2.8 电气节能设计

1 设计目标。

2 设计采用的节能环保措施。

3 表述节能产品的应用情况。

4.2.9 电气绿色设计

1 设计目标。

2 设计采用的绿色技术和措施。

3 分项说明可再生能源利用系统的系统功能、主要指标、主要设备性能参数、施工要求和注意事项。

4.2.10 设计中采用的标准图集名称、编号以及图集使用的补充或修改说明。

4.2.11 其他需要说明的内容

1 设计者认为需要特别说明的其他问题，如：对设计图纸使用的限制条件；对施工单位、系统承包方、设备供应方的特殊要求；与深化设计图纸相关的要求；与相关设计单位的设计接口要求等等。

2 施工图中未尽事宜的主要设计原则。

【说明】例如：设计项目由于未得到供电部门的供电方案等原因，在 BIAD 承诺的设计周期之内变电室设计不能达到要求的设计深度，相关部分的设计内容需待设计资料明确后进行后补设计。因此后补设计的内容及原因等情况应在设计说明中详细阐述（相关专业也应同时说明）。图纸目录中应包括后补设计的内容并注明“此部分设计内容后补”。应协调好后补设计部分与本专业及其他专业设计的关系，不应影响设计安全和施工进度，应尽可能在施工前完成后补部分的设计工作。

4.3 施工图设计图纸

4.3.1 应提供图纸目录、施工设计说明、图例符号、主要电气设备表等设计文件。

【说明】

1 设计图纸输出比例和排序等均应符合《BIAD 制图标准》的规定。无特殊要求时一般图纸目录、施工设计说明、图例符号、主要电气设备表可组成首页，当内容较多时，可分设专页。

2 图纸目录应按图纸序号排列，先列新绘制图纸，后列选用的重复利用图和标准图，当分批出图时，每批出图时，应更新图纸目录。

3 与境外合作的规模大、内容复杂的设计项目，必要时可编写制图说明，说明各类中文和外文简写的对照、各种称谓字母和编号原则等。

4.3.2 电气总平面图（当设计合同中无特殊要求时，若仅为单体设计时，可无此项内容）

1 标示建（构）筑物名称或编号、层数或标高、道路、地形等高线和用户的安装容量；

2 标示变、配电站位置、编号，变压器台数、容量，发电机台数、容量。

3 室外配电箱的编号、型号，室外照明灯具的规格、型号、容量。

4 架空线路应标注：线路规格及走向，回路编号、杆位编号、档数、档距、杆高、拉线，重复接地、避雷器等（附标准图集选择表）。

5 电缆线路应标示：电缆隧道、电缆沟、管孔、钢管敷设位置走向，线路回路编号、电缆型号及规格，线缆敷设方式（附标准图集选择表）。

6 人（手）孔位置。

7 比例、指北针。

8 图中未表达清楚的内容可附图做统一说明。

9 平面图纸应标注比例。

10 简单设计项目，图例可随总体设计图例标示或随图标示。

4.3.3 变、配、发电站

1 高、低压配电系统图（一次线路图）

1）图中应注明母线型号、规格，变压器、发电机的型号、规格；

2）图中表格标注：开关柜编号、开关柜型号、回路编号、设备容量、计算电流、电容补偿计算等；

3）图中表格标注：开关、断路器、双电源转换开关、互感器、继电器、启动器、电涌保护器、补偿电容、电工仪表（包括计量仪表）等型号、规格、整定值等；

4）图中表格标注：导体型号及规格、敷设方法、负荷名称、二次原理图方案号等；

5）标注断路器等元器件辅助功能选择栏目的内容，当选择分隔式开关柜时，可增加小室高度或模数等相应栏目。

2 平面图、剖面图

1）按比例绘制变压器、发电机、开关柜、控制柜、直流及信号柜、补偿柜、支架、地沟、电缆夹层、接地装置等平、剖面布置（标注轴线位置及标高）、安装尺寸等。当主管审批部门有特殊要求时按指定要求绘制；

2）当选用标准图时，应标示标准图编号、页次；

3）标注进出线回路编号、敷设安装方法。

3 继电保护及信号原理图

1）继电保护及信号二次原理方案，应选用标准图或通用图。当需要对所选用标准图或通用图进行适当修改时，只需绘制修改部分并详细说明修改要求；

2）控制柜、直流电源及信号柜、操作电源均应选用企业标准产品，图中标示相关产品尺寸、规格和要求。

4 竖向配电系统图

以建（构）筑物为单位，自电源点开始至终端配电箱止，按设备所处相应楼层绘制，应包括变、配电站变压器台数、容量，发电机台数、容量，各处终端配电箱编号，自电源点引出回路编号（与系统图一致），接地干线规格。

5 平面图、剖面图纸应标注比例。

6 图中表达不清楚的内容，可随图作相应说明。

4.3.4 配电、照明

1 配电箱（或控制箱）系统图

1）应标注配电箱编号、型号、箱体参考尺寸、安装方式；

2）进线回路编号、总设备容量、计算电流；

3）标注各开关、断路器（或熔断器）型号、规格、整定值；

4）配出回路编号、导体型号规格（对于单相负荷应标明相别）；

5）对重要负荷供电回路要标明容量和用户名称等；

6）对有控制要求的回路应提供控制原理图或注明采用的标准图集编号。

2 配电平面图

1）应包括建筑门窗、墙体、轴线、主要尺寸，标示房间名称以及工艺设备位置、编号和容量等；

2）布置配电箱或控制箱，并注明编号；

3）绘制线路始、终位置（包括控制线路），标注回路编号、导线规格、敷设方式等；

4）凡需专项设计的场所，其配电和控制设计图随专项设计完成，但配电平面图上应相应标注预留的配电箱位置及容量或预留的配出支路数量位置（并在相应系统图中标注预留容量）等。

3 照明平面图

1）应包括建筑门窗、墙体、轴线、主要尺寸和标示房间名称等；

2）绘制配电箱、灯具、开关、插座、线路等平面布置；

3）标明配电箱编号、干线、分支线回路编号，导线型号、规格、敷设方式等；

4）凡需二次装修部位，其照明平面图随二次装修设计，根据二次装修设计内容在配电或照明平面图上应相应标注预留的照明配电箱位置及容量或预留的配出支路数量位置（并在相应系统图中标注预留容量）等。

4 平面图纸应标注比例。

5 图中表达不清楚的，可随图作相应说明。

【说明】第 1 款中第 2 项对于规模较大配电级数较多的系统，对终端配电盘进线回路编号、计算电流可不做标注限制。

对于规模较小的系统，上述配电箱（或控制箱）系统内容若已在平面图上标示完整的，可不单独出配电箱系统图。

第 2 款中当设计人用其他编号替代工艺设备编号时，在编制时应考虑工艺设备之间的对应关系等因素，便于今后施工调试与运行管理。

当设计合同中有分阶段分区域出图时，应保证平面系统整体设计要求一致性，对于变电室低压柜一级配出的干线在平面图中应标注回路编号，并可通过表格形式标注对应回路的导线规格。

4.3.5 防雷及接地安全

1 绘制建筑物屋顶层平面

1）应有主要轴线号、尺寸、屋面各变化点的标高等；

2）标示接闪杆、接闪带、引下线位置；

3）注明防雷装置材料型号规格、所涉及的标准图编号、页次等。

2 绘制接地平面图（可与防雷顶层平面结合）

1）绘制接地线、接地体、测试点等的平面位置；

2）标明接地线及装置材料型号、规格、相对尺寸；

3）涉及的标准图编号、页次等。

3 利用建筑物（或构筑物）钢筋混凝土内的钢筋作为防雷接闪器、引下线、接地装置

1）标示连接点、接地电阻测试点、预埋件位置及敷设方式；

2）注明所涉及的标准图编号、页次。

4 当采用基础接地装置时，可不出接地平面图，但应说明利用桩基、底板基础内钢筋等作接地装置时采取的措施和施工要求。对测试点位置等结合屋顶防雷平面和首层平面绘制作说明。

5 随图说明可包括：

1）防雷类别和采取的防雷措施（包括防侧击雷、防雷击电磁脉冲、防高电位引入）；

2）接地装置型式、接地极材料要求、敷设要求、接地电阻值要求。当利用桩基、基础内钢筋、连续护坡桩作接地极时，应采取的措施。

6 除防雷接地外其他电气系统的工作或安全接地的要求（如电源接地形式，直流接地，局部等电位、总等电位接地等）、接地连接点位置。如果采用共用接地装置，应在接地平面图中叙述清楚，交代不清楚的应绘制相应图纸（如局部等电位平面图等）。

7 根据工程规模及接地系统复杂程度可绘制接地系统图。

8 对人防工程接地要求可视需要随主体接地平面图或其他人防图纸表示。

9 平面图纸应标注比例。

4.3.6 建筑设备监控系统图纸

1 建筑设备管理系统框图、绘至 DDC 站止。

2 平面图中标明控制主机位置、DDC 位置和编号以及通讯干线敷设方式和路径。

3 随图说明建筑设备管理系统与其他相关系统集成方案（或以框图示意）。

4 根据设备专业提供的系统原理图及其他相关资料，说明建筑设备监测和控制（以下简称监控）要求，注明监控点数量、受控设备位置并绘制监控原理图。

5 配合承包方了解建筑设备情况及监控（测）要求，依据设计合同要求审查承包方提供的深化设计图纸。

6 平面图纸应标注比例。

4.3.7 智能化系统图纸

1 根据设计项目的设计范围绘制各相关系统的系统图，标注其主要技术指标。

2 各层平面图，应包括设备定位、编号、安装要求，线路型号、规格并说明敷设

方式。

3 设计项目建筑红线范围内室外线路走向，电缆型号及规格、敷设方式，人（手）孔位置（亦可结合电气总平面图绘制）。

4 配合承包方了解相应系统情况及要求，依据设计合同要求审查承包方提供的深化设计图纸。

5 平面图纸应标注比例。

4.3.8 电气消防系统图纸

1 火灾自动报警及消防联动系统

1）火灾自动报警及消防联动控制要求，报警及联动控制系统图；

2）结合本工程广播系统形式绘制应急广播系统及平面图（亦可结合消防系统及平面图绘制）；

3）各层平面图，应包括主机房、电气小间及电气竖井等处设备布置，器件布点、配管、线槽型号、规格及敷设要求，接线端子箱应有编号；

4）应急照明及疏散指示标志平面图（一般可结合照明平面绘制，对有特殊要求的设计项目应按消防主管部门的具体要求绘制）；

5）根据设计项目规模及消防主管部门要求提供消防系统设备配电干线系统图；

6）平面图纸应标注比例。

【说明】本条文规定的内容为一般要求，若与消防主管审查部门要求有出入时，应按其要求进行相应调整。

2 电气火灾监控系统

1）电气火灾监控系统原理图及与其他相关系统的接口条件；

2）各监测点名称、位置及布线要求（根据系统规模可在相应系统平面图中说明、表示）。

3 可燃气体探测报警系统

1）可燃气体探测报警系统原理图及与其他相关系统的接口条件；

2）各监测点名称、位置及布线要求（根据系统规模可在相应系统平面图中说明、表示）。

4 消防电源监控系统

1）消防电源监控系统原理图及与其他相关系统的接口条件；

2）各监测点名称、位置及布线要求（根据系统规模可在相应系统平面图中说明、表示）。

5 防火门监控系统

1）防火门监控系统原理图及与其他相关系统的接口条件；

2）各监控点名称、位置及布线要求（根据系统规模可在相应系统平面图中说明、表示）。

4.3.9 当项目按绿色建筑要求建设时，图纸中应表示相关绿色建筑设计技术的内容。

4.3.10 对于改造项目除满足上述各条款对设计图纸的设计深度要求外，还要在平面和系统图中标示出改造部分的设计范围、接口部位的衔接关系。

4.4 主要电气设备表

主要电气设备表应注明主要设备名称、技术参数、单位、数量等（篇幅不大时可作为设计说明一部分）。

4.5 施工图设计计算书

4.5.1 施工图设计阶段应对初步设计阶段的计算书结果进行核算，并对未进行计算的部分进行补充计算。

4.5.2 用电设备负荷计算内容可包括：

1 一级负荷中特别重要负荷计算 *；

2 一级负荷计算 *；

3 二级负荷计算 *；

4 三级负荷计算 *；

5 其他。

4.5.3 变压器选型计算内容可包括：

1 变压器容量及台数计算 *；

2 无功功率补偿计算 *；

3 季节性负荷计算；

4 大型电动机及其他波动负荷的启动校验计算；

5 其他。

4.5.4 柴油发电机选型计算内容可包括：

1 应急负荷计算 *；

2 备用负荷计算 *；

3 按稳定负荷计算发电机容量及台数 *；

4 按尖峰负荷校验发电机容量；

5 按发电机母线允许压降校验发电机容量；

6 储油量的计算；

7 其他。

4.5.5 UPS、EPS 选型计算内容可包括：

1 UPS 装置输出功率计算；

2 EPS 装置输出功率计算；

3 其他。

4.5.6 电缆选型计算内容可包括：

1 导体载流量计算；

2 典型回路电压损失计算；

3 热稳定的校验计算；

4 其他。

4.5.7 短路电流计算内容可包括：

1 高压系统短路电流计算；

2 低压系统短路电流计算；

3 保护开关的选择性及灵敏度校验计算；

4 其他。

4.5.8 照明计算内容可包括：

1 典型场所照度计算；

2 典型场所照明功率密度值计算 *；

3 其他。

4.5.9 防雷计算内容可包括：

1 年预计雷击次数计算 *；

2 电子信息系统防雷装置的拦截效率计算；

3 接闪器保护范围计算；

4 其他。

4.5.10 智能化系统计算。

【说明】4.5.2~4.5.10条中标注“ * ”者计算书施工图阶段应进行归档，其余内容可根据项目具体情况进行归档。

4.6 专业配合

4.6.1 应与建筑专业配合，确定电气用房、主干线路敷设以及与建筑形式有关的主要电气设计条件及具体做法，包括：

1 应向建筑专业提供电气用房具体设计要求；

2 应与建筑和结构专业共同配合确定大型设备的具体运输路线和预留孔洞具体尺寸；

3 对于管线复杂的工程，应会同设备等其他专业共同协商确定主要管线的敷设路径、敷设方式及相关专业的配合要求；

4 对于大型金属屋面或其他特殊形式屋面的设计项目，应与建筑、结构专业配合，确定电气防雷接地系统设计要求及具体连接节点做法；

5 应要求建筑专业提供需二次精装修的平面位置、吊顶区域范围，并会同设备专业共同协商确定吊顶分格方式与各专业设备布置的配合原则以及确定吊顶高度；

6 配合建筑专业确定电气各系统引入线在总平面中的位置、人孔（手孔）尺寸、外观要求等；

7 对维护、检修通道有特殊要求以及电气设备安装有特殊要求的场所应向建筑专业提出具体做法要求。

【说明】第1款中电气用房一般包括：开闭站、变电室、柴油发电机房、智能化系统机房、消防控制室、电气小间、电气竖井、电缆夹层等。

具体设计要求一般包括：房间位置、房间分隔关系、房间具体尺寸、高度、门窗要求、装修标准等。对于发电机房需配合设备专业共同确定如进风、排风、排烟通道的具体位置、尺寸以及明确电气用房对周围环境的要求，例如：加强防水防潮措施等。

第3款中对于管线复杂的工程，例如需要设置专用（或综合）管廊、管沟时，需会同设备等其他专业共同确定管廊、管沟的具体位置、走向、截面尺寸、建筑结构做法、检修口等要求。

第4款中与建筑结构专业配合确定具体连接节点位置及做法，当设计项目由专业承包方完成深化设计时，上述配合工作应要求建筑结构专业帮助协调专业承包方完成。

第5款中要与建筑、设备专业配合，综合吊顶分格方式及灯具布置方案，合理选择照明灯具，照明设计应满足《建筑照明设计标准》GB50034规范中关于“功率密度值”的强制性条文要求。

第7款中对维护、检修通道有特殊要求的场所，例如：当需要设置马道、检修孔、爬梯等设施时，应向建筑专业提出具体规格、尺寸和做法等要求。

对于轻质结构、装饰结构等有特殊要求的场所，需安装配电盘或其他重量较大的电气设备时，需与建筑专业配合确定具体安装固定、装饰方式。

4.6.2 应与结构专业配合，落实影响结构构件设计和钢结构、预应力结构等特殊结构形式有关的主要电气设计条件，包括：

1 应向结构专业提供与结构构件设计有关的荷载大小和位置；

2 应与建筑和结构专业共同配合确定大型设备的运输路线和预留孔洞以及设备固定方式和基础形式；

3 应向结构专业提供影响结构构件承载力或钢筋配置的管、洞等具体设计资料；

4 应与结构专业配合，确定与钢结构有关的所有电气设计方案及具体做法；

5 应与结构专业配合，确定与预应力结构设计有关的相关电气设计内容；

6 应向结构专业提供地下室外墙和人防地下室外墙预留孔洞位置、规格、标高；

7 应与结构专业配合，确定电气专业利用结构基础、护坡桩等结构内钢筋规格及连接要求；

8 应要求结构专业提供各楼层及基础结构布置平面图，视需要要求结构专业提供反映构件相对位置的主要剖面大样。

【说明】第1款中有关荷载一般包括：变压器、柴油发电机、高/低压配电柜、直流屏、大型UPS、EPS、大型显示屏和卫星电视天线等设备重量。

向结构专业提供变电室、发电机房、UPS等机房平面布置图。

第3款中根据结构专业要求，一般情况下所有孔洞应尽量预留，如需后补，应与结构负责人协商并配合设计（如电缆夹层或设备布置层需推后深化设计的部分）。

第4款中在钢结构上安装设备、固定支架、敷设管线等电气设计要求，均应与结构负责人协商并配合设计确定具体做法（当设计项目由钢结构承包方完成深化设计时，上述配合工作应要求结构专业帮助协调钢结构承包方完成）。

按结构专业要求提供相关设备的重量、具体尺寸、具体安装位置及数量等资料。

第5款中所有在预应力结构板上安装设备、固定支架、敷设管线（板内）等电气设计要求，均应与结构负责人协商并配合设计确定具体做法。

需要吊挂安装的电缆桥架（托盘、线槽）等设备需与结构专业配合确定走向范围及预埋件规格、布置位置及做法。

第6款中具体配合要求参见第4.6.2条第3款的相关部分。

4.6.3 应与设备专业配合，落实与设备供配电及控制要求等有关的主要电气设计条件，包括：

1 确定设备机房内配电/控制室（需要独立设置时）的具体位置、尺寸等；

2 确定电气机房的消防灭火形式及控制要求等；

3 应向设备专业提供主要电气机房对环境条件的要求及主要电气设备发热量，提供电气机房设备平面布置图；

4 应要求设备专业提供各类电动设备位置、用途、数量、用电性质、用电量、使用率及编号等参数；

5 提供电动（或信号、报警等）水阀、电动风阀等位置、用途、数量及编号等参数；

6 应要求设备专业提供各系统原理图、监控要求说明、受控设备和监测点数量等相关设计资料，在设备专业的配合下完成监控原理图和控制点表的设计。

【说明】第 3 款中环境要求一般包括：温度、湿度、通风换气要求以及用水点位置（如开闭站、变电室区域内的卫生间）、采暖要求（如发电机房的暖气）等。

电气设计人员应与设备专业配合，根据所提供的“监控项目”控制要求、系统原理图、设备材料表等相关设计资料并结合其他电梯、扶梯、照明等系统设备的监控原理图，汇总完成监控原理图和点表的设计。

当设备自带监控装置时，应与设备专业配合协调“建筑设备管理系统”承包方及设备供应方落实监控系统接口条件，由“建筑设备管理系统”承包方完成深化设计。

4.7 专项深化设计技术接口配合

4.7.1 场地景观园林设计

1 提供场地内预留电源、控制线等管线位置、敷设方式、标高。

2 提供并确认供电电源位置、路数及容量，系统保护接地形式。

3 配合承包方了解相应系统情况及要求，依据合同要求审查承包方提供的深化设计图纸。

4.7.2 室内设计

1 提供设计范围室内各电气设备、元件位置、数量及安装要求。

2 提供室内照度等照明设计基本参数和要求，对有功能要求的房间应根据具体需求对色温、显色指数、眩光等参数提出控制指标要求。

3 提供并确认供电电源位置、路数及容量，系统保护接地形式。

4 配合承包方了解相应系统情况及要求，依据合同要求审查承包方提供的深化设计图纸。

4.7.3 其他电气系统（一般指智能化系统）

1 说明本设计项目对该电气系统性能和规模的基本要求。

2 提供并确认机房位置、面积，电源容量等。

3 进出线缆预留位置、干线通路和接地条件及线缆敷设方式等。

4 配合承包方了解相应系统需求情况，满足其技术要求，落实与其他相关系统的接口条件，依据合同要求审查承包方提供的深化设计图纸。

4.7.4 加热电缆地面辐射供暖系统设计

1 根据设备专业提供的供热功率和温控要求，电气专业进行加热电缆和温控设备供电电源的设计，确定电源进线形式和电度表的设置要求等。

2 供热功率确定后，可由加热电缆设备承包商进行施工图深化设计，电气专业应向发热电缆承包商提供并确认供电电源接口技术参数，如电源电压等级、位置、路数、容量、系统保护接地形式等。

3 深化设计主要内容如下：

1）深化设计说明，应明确电缆规格（线功率和长度等），以及铺设间距和铺设要求；

2）绘制发热电缆、温控器及相关管线的布置图；

3）绘制配电盘系统图。

4 依据合同要求审查承包方提供的相关深化设计图纸。

【说明】第3款第3项中，一般情况下，发热电缆系统配电箱由承包商随设备提供，电气专业与承包商的设计接口在配电箱主进开关的进线端，当承包商不提供配电箱时，电气专业可视合同要求和上述条文中提供的技术参数进行配电箱系统图设计。

经济专业篇

经济专业篇

目录

1 投标方案设计

1.1 一 般 规 定

1.1.1 文件组成

1 封面、签署页、目录；

2 编制说明；

3 总投资估算表；

4 单项工程估算表；

5 投资估算分析和方案比选的经济分析；

6 主要技术经济指标等。

【说明】

1 若招标文件对投标方案的估算有深度规定的，从其规定。

2 方案比选的经济分析是项目经理或设计总负责人向经济专业提供多套投标候选方案或为建设方提供多套方案参加投标，要求经济专业就方案的经济性进行比较时所做的分析。若招标文件、项目经理或设计总负责人不要求做方案比选的经济分析时，则可不做。

1.1.2 一般要求

1 该阶段应编制建设项目投资估算（以下简称估算）。

2 估算应符合项目所在地政府有关主管部门的要求，并符合招标文件的约定；估算总额应控制在已经批准的项目建议书或可行性研究报告允许的投资额度内；若有超出，应重点分析并说明理由，并向建设方进行说明。

3 作为技术经济评估的依据之一，投标方案设计阶段估算的准确度应符合招标文件的要求。

4 估算的编制依据包括国家、行业、项目所在地政府的有关法律、法规或规定；政府有关部门、金融机构等发布的价格指数、利率、汇率、税率等有关参数。行业部门、项目所在地工程造价管理机构或行业协会等编制的投资估算指标、概算指标（定额）、工程建设其他费用定额（规定）、综合单价、价格指数和有关造价文件等。类似工程的各种技术经济指标和参数。工程所在地同期的人工、材料、机械市场价格，建筑、工艺及附属设备的市场价格和有关费用。与建设项目相关的工程地质资料、投标方案设计图纸及说明、主要工程量和主要设备清单等。委托单位提供的其他技术经济资料。

5 建设项目的设计方案、资金筹措方式、建设时间等发生变化时，应进行估算的调整。

1.1.3 专业间相关配合的内容

1 方案设计人应向经济专业提供招标文件、项目批文、符合深度要求的投标方案设计图纸及说明。

2 需要时，建筑、结构、设备、电气各专业负责人应就投标方案向经济专业进行讲解或答疑，以使经济文件与投标方案的设计图纸和说明相对应，使投标文件中的技术标书与经济标书相互呼应。

3 经济专业应将估算的初稿征询各专业的意见并对所提出的意见进行分析、修改，将修改稿向方案设计人汇报，最终将确定的经济文件提交给方案设计人。

4 经济专业人员可依据有关技术经济资料对投标方案提出优化的建议与意见，使之更加经济合理。

1.2 编制内容

1.2.1 封面和目录

对封面和目录的格式与字体和字号的要求：若招标文件对其有要求时，从其要求；若没有要求时，应与投标文件中文字部分的格式、字体、字号相一致。

【说明】在 BIAD 对某些经济文件的封面、目录、表格的式样（包括格式、字体、字号）没有做出具体规定以前，可参照中国建设工程造价管理协会制定的有关协会标准（如《建设项目投资估算编审规程》CECA/GC1-2015）；若 BIAD 对其有要求的，从其要求。

1.2.2 编制说明

1 编写内容：

1）工程项目概况；

2）估算编制范围（包括和不包括的工程项目与费用）；

3）估算编制方法；

4）估算编制依据；

5）主要技术经济指标；

6）有关参数、率值的选定；

7）特殊问题的说明；

8）对投资限额和投资分解说明；

9）对方案比选的估算和经济指标说明；

10）资金筹措方式。

2 具体要求

1）工程项目概况：主要编写项目的名称、建设地点、规模、结构形式、基础形式、护坡、降水、工期、檐高、层数、层高、机电专业的主要系统、投资（建设资金）来源、对估算会造成很大影响的因素等；

注：檐高是指建筑物的檐口高度，它是以室外设计地坪标高作为计算起点，终点分别为：平屋面带挑檐者，挑檐板下皮标高；平屋面带女儿墙者，屋顶结构板上皮标高；坡屋面或其他曲面屋顶，墙的中心线与屋面板交点的高度；阶梯式建筑物，按最高层的建筑物檐高。突出屋面的水箱间、电梯间、亭台楼阁等均不计算檐高。

2）估算编制范围：应结合招标文件和投标方案设计图纸及说明进行编写。尤其应对联合体投标方案、配合设计、技术合作的项目中各自承担的部分或范围及与其相对应的估算、估算包括和不包括的单项工程或单位工程进行说明；

3）估算编制方法：一般民用建筑的投资估算采用指标法对项目的工程费用进行估

算，并在此基础上按政府有关主管部门文件的规定和建设方提供的有关资料（合同）对工程建设其他费用及预备费（含基本预备费、价差预备费）进行计算。建设项目总投资由建筑工程费、设备购置费及安装工程费、工程建设其他费用、建设期利息、固定资产投资方向调节税、流动资金、预备费组成；

注：需报政府有关主管部门审批的项目按其要求应编制建设项目总投资估算。

4）估算编制依据：应根据本篇的第 1.1.2 条第 4 款，同时结合投标方案的具体情况进行编写；

5）主要技术经济指标：若招标文件有要求的，从其要求；若没有要求的，对于单体建筑的投标方案设计项目：通常情况下要列出单方估算造价指标、各单位工程的单方估算造价指标；对于群体建筑设计项目的投标方案而言：要分各子项列出单方估算造价指标和各子项中的各单位工程的单方估算造价指标；

6）有关参数、率值的选定：包括价格指数、利率、汇率、税率等有关参数，估算指标、概算指标（定额）、工程建设其他费用定额（规定）、综合单价、有关造价文件的规定等，类似工程的各种技术经济指标和参数，市场价格等；

7）特殊问题的说明：四新（新技术，新工艺，新设备，新材料）的采用及价格的确定；进口技术及物资的费用构成与计算参数；复杂结构特殊费用的估算方法；安全、绿建、消防等专项投资占总投资的比重；总投资中未计算项目和费用的说明；

8）对投资限额和投资分解说明：采用限额设计的工程投资估算应针对建设项目的估算进一步细化，按项目实施内容和标准合理分解投资额度到各个子项及各个单位工程，分析其合理性，确定合理的建设标准、提出意见，应预留调节金，确保限额合理可行；

【说明】此条适用于限额设计投标方案的投资估算说明。

9）对方案比选的估算和经济指标说明：多方案投标时，投资估算应对不同技术方案进行技术经济分析，列出各方案的经济指标，有比选说明，确定合理的设计方案；

【说明】此条适用于采用方案比选的工程投资估算。

10）资金筹措方式：一般有自有资金、政府投资、股权融资、资本置换和资产证券化。

【说明】有关估算内容格式的要求：若招标文件有要求的，从其规定。有关资金来源及筹措的说明，若建设方不提供资料或资料不全，可从简。此说明适用于方案估算、初步设计概算、施工图预算的编制。

1.2.3 估算表和方案比选的经济分析

估算表包括：总估算表、建筑安装工程估算表、室外工程估算表；方案比选的经济分析包括：方案比选的说明、估算造价对比及分析。

1 总估算表包括：建筑安装工程费、建设工程其他费用、预备费等。

2 建筑安装工程估算表包括：土建工程费用（含装饰工程）、设备工程费用、电气工程费用（含弱电工程费用）等。

3 室外工程估算表包括：室外公共设施、环境工程的单位估价及总价。

4 方案比选的说明包括：不同方案的特点、估算总价及其经济分析。

5　方案比选的估算造价对比及分析：应对不同方案的估算表中的总价及单价进行对比和分析，找出影响各方案估算造价的关键因素。

【说明】在具体方案投标项目中若有要求做方案比选的经济分析，则按要求进行编制。

2　方案设计

2.1　一般规定

2.1.1　文件组成

1　封面、签署页、目录；

2　编制说明；

3　总投资估算表；

4　单项工程估算表；

5　投资估算分析和方案比选的经济分析；

6　主要技术经济指标等。

2.1.2　一般要求

1　该阶段应对中标方案估算进行调整或根据建设方和项目经理或设计总负责人的要求重新编制估算。它应符合项目所在地政府有关主管部门的要求。

2　估算总额应控制在中标方案的估算总额内。若建设方另有要求，从其要求。若估算超出，应重点分析并说明理由。

3　作为对建筑方案进行技术经济评估的依据之一，建筑方案设计阶段的估算可根据方案设计的具体情况作适当调整；当其准确度影响到对该方案的可行性判定时，应对该建筑方案进行专项技术经济评估。

【说明】经济评估主要是指在方案设计阶段发现采用的某些新技术、专项技术对造价影响度太高，直接关系到该方案的可行性时所要做的一项工作。这往往是在一些重点项目、大型工程项目上要求做，不是所有项目都要求做。

4　估算的编制依据可参照本篇的第 1.1.2 条第 4 款，同时考虑：评标委员会的评审意见、政府有关主管部门对中标方案的经济文件的审查意见；主要依据建筑方案设计的图纸及说明、市场价格信息和类似工程的技术经济指标等。

5　建筑智能化系统的估算：应确定各子系统的规模和系统造价。

2.1.3　专业间相关配合的内容

1　项目经理或设计总负责人应将中标或确定方案的结果告知经济专业，并向其提供方案评标委员会对经济文件的评审意见、政府有关主管部门对中标方案的经济文件的审查意见以及建设方的调整意见、全套符合 BIAD 深度要求的方案设计图纸和说明。

2　必要时，建筑、结构、设备、电气各专业负责人应对方案设计图纸及说明向经济专业进行讲解或答疑，以使经济文件与方案设计图纸和说明相呼应，达到技术文件与经济文件的一致和完整。

3　电气专业负责人应向经济专业说明建筑智能化各子系统的概况、系统功能、系统结构、布点原则及主要性能指标。

4　经济专业应将方案设计的估算初稿征询各专业的意见并对所提出的意见进行分析、修改，将修改稿向项目经理或设计总负责人汇报，最终将确定的经济文件提交给项目经理或设计总负责人。

5　经济专业人员可依据有关技术经济资料对设计方案提出优化的建议与意见，使之更加经济合理。

2.2 编制内容

2.2.1　编制说明

1　编写内容

1）工程项目概况；

2）估算编制范围；

3）估算编制方法；

4）估算编制依据；

5）主要技术经济指标；

6）有关参数、率值的选定；

7）特殊问题的说明；

8）对投资限额和投资分解说明；

9）对方案比选的估算和经济指标说明；

10）资金筹措方式。

2　具体要求

1）工程项目概况：主要编写项目的名称、建设地点、规模、结构形式、基础形式、护坡、降水、工期、檐高、层数、层高、机电专业的主要系统、投资（建设资金）来源、对估算会造成很大影响的因素等。对建筑智能化系统的估算应有说明；

2）估算编制范围：应结合设计委托文件和方案设计图纸及说明、项目的特点进行编写。尤其应重点说明估算包括和不包括的单项工程或单位工程有哪些；

3）估算编制方法：参照本篇的第1.2.2条第2款第3点；

4）估算编制依据：应根据本篇的第2.1.2条第4款，同时结合投标方案的具体情况进行编写；

5）主要技术经济指标：参照本篇的第1.2.2条第2款第5点；

6）有关参数、率值的选定：参照本篇的第1.2.2条第2款第6点；

7）特殊问题的说明：参照本篇的第1.2.2条第2款第7点。应重点说明方案设计估算与投标方案估算的不同点，如：方案的变化导致投资估算的变化，政策、价格的变化对估算的影响等；

8）对投资限额和投资分解说明：参照本篇的第1.2.2条第2款第8点；

9）对方案比选的估算和经济指标说明：参照本篇的第1.2.2条第2款第9点；

10）资金筹措方式：参照本篇的第1.2.2条第2款第10点。

2.2.2 估算表

投资估算表应以一个单项工程为编制单元，由土建、给排水、电气、暖通、空调、动力等单位工程的投资估算和室外工程的投资估算两大部分内容组成。在建设方有可能提供工程建设其他费用时，可将工程建设其他费用（按建设方提供的合同或政府文件）和按适当费率取定的预备费列入投资估算表，汇总成建设项目的总投资。

1 估算表包括：总估算表、建筑安装工程估算表、室外工程估算表；

2 总估算表包括：建筑安装工程费、建设工程其他费、预备费；

3 建筑安装工程估算表包括：土建工程费用，设备工程费用，电气工程费用（含弱电、电梯）等；

4 室外工程估算表包括：室外管线工程费用、道路工程费用、停车场费用、围墙费用、大门费用、景观照明系统费用、绿化工程费用、小品费用等。

3 初步设计

3.1 一般规定

3.1.1 文件组成

设计概算（以下简称概算）文件分为三种：建设项目总概算书；单项工程概算书；单位工程概算书。具体内容包括：

1 封面、签署页和目录；

2 编制说明；

3 建设项目总概算表；

4 工程建设其他费用表；

5 综合概算表；

6 各单位工程概算书；

7 概算综合单价分析表；

8 附件：其他表。

【说明】具体编制初步设计概算时可按本篇的第3.1.1条所列顺序排列，也可根据项目的具体要求，结合本篇的第3.1.1条所列的内容进行编制。在BIAD对某些经济文件的封面、目录、表格的式样（包括格式、字体、字号）没有做出具体规定以前，可参照中国建设工程造价管理协会制定的有关协会标准（如《建设项目设计概算编审规程》CECA/GC2—2007）；若BIAD对其有要求的，从其要求。

3.1.2 一般要求

1 初步设计阶段应编制概算。工程概算书是初步设计应包括的内容，是初步设计文件的重要组成部分，必须如实地、完整地、准确地反映工程项目初步设计的内容。不能因为一阶段设计而删减此内容。对于一阶段设计，如果不提供预算书，就应提供概算书。以保证设计文件的完整性。概算文件应单独成册。

【说明】一阶段设计：即方案设计后直接进入施工图设计。

2　概算文件的编制要严格执行国家有关的方针、政策和制度，实事求是地根据工程所在地的建设条件（包括自然条件、施工条件等影响造价的各种因素），按有关的依据性资料进行编制。凡经政府有关主管部门审批的初步设计概算一般均应有总投资概算。凡报政府有关主管部门审批的概算，一般应控制在批准的可行性研究报告的投资控制额以内；若有超出，应重点分析并说明理由，必须修改设计或重新立项审批；对于政府投资的项目要有政府有关主管部门对追加投资的批文，对于非政府投资的项目也应征得建设方的同意。概算批准后不得任意修改和调整；如需修改或调整时，须经原批准部门重新审批。

3　援外工程概算的编制应执行商务部的有关规定；我国驻外使领馆工程概算的编制应执行外交部的有关规定。外埠工程概算的编制应执行当地政府有关主管部门的规定、文件和其颁布的相关定额。

4　概算作为确定最高投资限额的依据，应符合国家和项目所在地政府对其准确度的要求。

【说明】一般情况是初步设计图纸和说明满足深度要求越高则概算的准确度越高。

5　设计概算批准后，一般不得调整。当已经完成了一定量的工程量，影响工程概算的主要因素已经清楚，确需调整概算时，由建设方调查分析变更原因，报主管部门审批同意后，由原设计方核实编制调整概算，并按有关审批程序报批。一个工程只允许调整一次概算。

6　调整概算的原因：超出原设计范围的重大变更；超出基本预备费规定范围不可抗拒的重大自然灾害引起的工程变动和费用增加；超出工程造价调整预备费的国家重大政策性的调整。

7　概算的编制依据是指编制项目概算所需的一切基础资料。尤其是全套初步设计图纸（含内部作业草图）和设计说明及主要设备表、相关的标准图集等；还包括项目所在地政府有关主管部门发布的有关造价文件、定额，与项目有关的各类资料，如项目的立项批文、批准的可行性研究报告，市场价格信息和类似工程的技术经济指标，符合施工条件的施工组织设计，项目所在地的自然条件、社会条件，新技术、新材料、新工艺、新设备（四新）的采用情况，建设方提供的有关工程造价的其他资料（如有关文件、合同、协议）等。

【说明】由于相关的标准图集非常多且各专业的初步设计说明中均有描述，因此在具体编写概算的编制依据时，针对相关的标准图集这一项，可详见各专业的初步设计说明，不必重复列出。

8　建筑智能化系统的概算：应确定各子系统概算，包括单位、数量、系统造价。

3.1.3　专业间相关配合的内容

1　项目经理或设计总负责人应向经济专业提供政府有关主管部门对项目的批文及对项目在投资、规模、标准、范围等方面的要求、全套符合初步设计深度要求的技术文件（如：初步设计图纸及说明、内部作业草图）等。

2　建筑、结构、设备、电气各专业负责人应对初步设计图纸及说明向经济专业进行讲解或答疑，以使初步设计中的经济文件与其技术文件相呼应，使经济文件能准确反映初步设计中技术文件所反映出的建设项目的标准、规模等。

3　当初步设计的技术文件有变化时，项目经理或设计总负责人应及时与经济专业联系，要求经济专业进行经济文件的调整；当出现调整概算（参见本篇的第 3.1.2 条第 6 款）时，更应及时与经济专业联系，要求其重新编制概算或编制修正概算（调整概算）。

4　电气专业负责人应确定建筑智能化各子系统规模，向经济专业说明各系统的组成等。

5　经济专业应将概算的初稿征询各专业的意见，并对所提出的意见进行分析、修改，将修改稿向项目经理或设计总负责人汇报，最终将确定的经济文件提交给项目经理或设计总负责人。

【说明】在初步设计阶段，经济专业需要与其他各专业密切配合。为了使初步设计能够顺利地通过审批，通常情况下，经济专业要配合项目经理或设计总负责人深入了解建设方的意图和项目批文等相关文件，了解各专业比较具体的设计想法，使设计文件中的技术文件部分与经济文件部分能相互呼应，使设计文件完整。初步设计图纸和说明等技术文件中与经济文件的概算对于建筑面积的描述应一致。

3.2　编制内容

3.2.1　编制说明

1　编写内容

1）工程项目概况；

2）主要技术经济指标；

3）资金来源；

4）编制依据；

5）编制方法；

6）编制范围；

7）针对超投资、超规模的说明；

8）其他需要说明的问题；

9）总说明附表。

2　具体要求：

1）工程项目概况：简述项目名称、建设地点、设计规模、建设性质（新建、扩建或改建）、工程类别、建设期（年限）、人防、降水、护坡、绿建、消防、主要工程内容、主要工程量、主要设备及数量、结构形式、基础形式、檐高、层数、层高、开间、进深等；

注：当工程项目是群体建筑时，应按单项工程的具体情况进行描述。

2）主要技术经济指标：项目概算总投资（有引进地给出所需外汇额度）及主要分项投资，单方概算造价、单位规模概算造价、各子项、各单位工程所占的比例，混凝土折算厚度、钢筋指标等。通常情况下对于单体建筑的初步设计项目：要列出单方概算造价指标、各单位工程的单方概算造价指标；对于群体建筑的初步设计项目而言：要分各子项列出单方概算造价指标和各子项中的各单位工程的单方概算造价指标；

3）资金来源：按资金来源不同渠道分别说明，发生资产租赁的说明租赁方式及租金；

4）编制依据应包括：批准的可行性研究报告，工程勘察与设计文件或设计工程量，项目涉及的概算指标或定额，项目所在地概算编制期的人材机市场价格，国家、行业和地方政府有关法律、法规或规定，政府有关部门、金融机构等发布的价格指数、利率、汇率、税率及工程建设其他费用，资金筹措方式，正常的施工组织设计或拟定的施工组织设计和施工方案，项目涉及的设备材料供应方式及价格，项目的管理及施工条件，项目所在地区有关的气候、水文、地质地貌等自然条件、经济和人文等社会条件，项目的技术复杂程度以及新技术、专利使用情况等，有关文件、合同、协议等，委托单位提供的其他技术经济资料，其他相关资料。编制概算时，应结合初步设计的具体情况；

5）编制方法：建筑安装工程（含机电设备安装工程）概算（工程费用）依据政府有关主管部门颁布的概算定额、综合预算定额、综合基价表、扩大单位估价表和取费标准等文件，按照初步设计图纸和说明等计算主要工程量、执行定额、取费，进行编制。其他费用概算则在建筑安装工程概算的基础上按政府有关主管部门文件的规定和建设方提供的有关资料对其他费用进行编制。概算总投资由工程费用、工程建设其他费用、预备费（基本预备费、涨价预备费）及应列入概算总投资中的费用（建设期利息、固定资产投资方向调节税、铺底流动资金）组成；

注：需报政府有关主管部门审批的项目按其要求应编制总投资概算。

6）编制范围的说明：应结合设计合同、设计任务委托书（批复的可研报告）、初步设计图纸及说明进行编写。尤其应对联合体设计、配合设计、技术合作的项目中各自承担的部分或范围及与其相对应的初步设计概算进行说明。关键要说明概算包括和不包括的工程项目与费用；

7）针对超投资、超规模的说明：若概算或规模超过设计任务委托书（批复的可研报告）的要求，应着重对其超出的原因进行分析，要将其与设计任务委托书的要求、批复的可行性研究的投资估算表进行对比分析，对超出的原因、项目、部位、标准、规模等进行说明，为避免其继续超出，提出有针对性的控制措施；

【说明】凡需政府审批的概算，可根据建设方、项目经理或设计总负责人的要求，在概算报批前将概算与可行性研究的投资估算表进行对比分析。越是大型项目、重点项目越要重视此项工作。一旦概算超可研批复的投资10%以上，则该项目要重新报批。

8）其他需要说明的问题：当初步设计遇到限额设计、总承包、涉外工程等问题时，应依据相关文件和规定进行编写。针对项目中比较突出的新技术和新材料的经济分析、单位建筑规模的造价分析、对设计和造价控制方面的建议和措施。限额设计概算应对限额进行分解、对比、分析。总承包概算应分析影响造价的主要因素、分包情况等。涉外工程概算应对风险有一定的分析；

9）总说明附表：建筑、安装工程的工程费用计算程序表，进口设备材料货价及从属费用计算表，具体建设项目概算要求的其他附表及附件。

3.2.2 建设项目总概算表

1 总概算的组成：工程费用、工程建设其他费用、预备费及应列入项目概算总投资中的相关费用。

2 工程费用：按各单项工程综合概算表汇总组成。其应全面反映设计阶段的内容，虽然初设图纸中未反映出但施工图设计阶段必然会发生的费用项目，概算应计列。

3 工程建设其他费用：包括建设管理费、建设用地及开发费、勘察设计费、市政公用设施费、研究试验费、前期工作咨询费、环境影响评价费、监理费、招投标服务费、造价咨询费等。编制时应列明费用项目名称、费用计算基数、费率、金额及所依据的国家和地方政府有关文件名称、文号。

4 预备费：包括基本预备费和价差预备费。

5 应列入项目总概算的相关费用：建设期利息、铺底流动资金、固定资产投资方向调节税等。

【说明】若费用不发生或费率为0，则可不列。

3.2.3 综合概算表（单项工程综合概算表）

1 单项工程综合概算表是计算一个单项工程（独立建筑物或构筑物）所需建设费用的综合性文件。它是由单项工程内各个专业的单位工程概算书汇总编制而成。

2 单项工程综合概算的内容应包括：编制说明、汇总表、各单位工程概算书和取费表。

3 其编制说明的编写深度要求详见本篇的第3.2.1条。

4 其汇总表是将单项工程内各个专业的单位工程概算进行汇总的专用表格。其内容应包括表头、项目名称、页号、序号、单位工程名称、建筑面积、单方造价、单位工程造价合计、单项工程概算的汇总合计。

5 单位工程概算书和取费表编制内容和深度要求详见本篇的第3.2.4条。

6 单项工程综合概算表中要表明技术经济指标，经济指标包括计量指标单位、数量、单位造价。

3.2.4 单位工程概算书

1 单位工程概算书是计算一个独立建筑物或构筑物（即单项工程）中每个专业工程所需工程费用的文件。

2 单位工程概算书的内容主要包括：单位工程概算取费表、概算书、人材机市场价表（见本篇的第3.2.5条）。

【说明】概算的取费（间接费）应按照项目所在地的造价主管部门的文件规定执行。

3 单位工程概算书类别主要有：

1）建筑工程概算书：地下降水、护坡、地基处理、结构工程、钢结构、粗装修工程、精装修工程、室外土建及装修工程、构筑物工程；

2）设备及安装工程概算书：设备专业的采暖、给排水、中水、消防、喷洒、通风空调、雨水、燃气、热力、锅炉等；电气专业的变配电、动力、照明、弱电、电梯等；

3）室外配套工程概算书：道路工程、广场工程、围墙、大门、室外管线等；

4）绿化、景观等单位工程概算书（根据需要）。

4　初步设计概算书中的概算单价由初步设计项目所在地的政府有关主管部门颁布的执行年度的概算定额（或综合预算定额、综合基价表、扩大单位估价表等）和概算编制期人工、材料、机械、设备的市场价组成。

5　初步设计阶段，单位工程概算书一般应考虑零星工程费。

3.2.5　人工、材料、设备、机械市场价表

该表表示某单位工程在初步设计概算编制期的人工、材料、机械、设备数量和市场价格的明细表。

3.3　计 算 内 容

3.3.1　计算方法

1　指标法：一般多用于工业建筑。对于通用结构建筑也可采用此法。

2　实物量法：一般多用于民用建筑。

3.3.2　计算内容

按实物量法编制初步设计概算一般应计算以下内容：

1　工程量计算：按工程所在地的政府有关主管部门规定的分部分项工程项目划分和计算规则根据初步设计图纸和说明进行计算；

2　初步设计概算单价的计算：它包括套价、询价、换价、组价、补价等的计算；

3　取费的计算：它包括措施费、施工管理费、利润、税金的计算；

4　工程建设其他费用的计算：详见本篇的第 3.2.2 条第 3 款；

5　主要经济指标和经济分析的计算：详见本篇的第 3.2.1 条第 2 款第 2 点。

4　施工图设计

4.1　一 般 规 定

4.1.1　文件内容

施工图预算（以下简称预算）文件分为三种：总预算书、综合预算书、单位工程预算书。具体内容包括：

【说明】当建设方、施工图设计的项目经理或主持人不要求经济专业编制总预算书时，可不编；若要求其编制总预算书，则应提供有关计算和编制建设工程其他费的相关资料。

1　封面；

2　签署页（扉页）和目录；

3　编制说明；

4　各单位工程预算书；

5　人工、材料、机械、设备的市场价表；

6　单项工程综合预算书；

7　总预算书。

4.1.2　一般要求

1　施工图设计阶段编制预算，它是编制工程招标控制价的基础，是衡量设计标准和考核工程建设成本的依据。预算编制要严格执行国家有关的方针、政策和制度，实事求是地根据工程所在地的建设条件（包括自然条件、施工条件等影响造价的各种因素），按有关的依据性资料进行编制。

2　预算应与已经批准的概算进行核对，保证预算不突破概算；若超出，应重点分析并说明理由，同时，对于政府投资的项目要有政府相关部门对追加投资的批文，对于非政府投资的项目也应征得建设方的同意。预算的建筑面积应控制在已经批准的概算规模内，若超出，应重点分析并说明理由，同时，应有政府相关部门对追加面积的批文。

3　预算必须完整、准确的反映工程项目施工图设计的内容。

【说明】一般情况下，施工图设计深度越深，预算的准确度越高。

4　预算的编制依据：全套施工设计图纸及说明（包括设计说明和施工说明）、标准图集、标准工程做法，国家和地方政府有关建设和造价管理的法律、法规和规程，当地主管部门现行的预算定额、单位估价表、材料及构配件预算价格、和有关费用规定的文件，设备及工料机价格依据，建设方提供的有关预算的其他资料及有关文件、合同、协议，建设场地的自然条件和施工条件等。

【说明】由于相关的标准图集非常多且各专业的初步设计说明中均有描述，因此在具体编写预算的编制依据时，针对这一项，可详见各专业的施工图设计说明，不必重复列出。

4.1.3　专业间相关配合内容

1　项目经理或设计总负责人应向经济专业提供政府有关主管部门对项目的批文（含对投资、规模做调整的批文等）及对项目在投资、规模、标准、范围等方面的要求、全套的符合BIAD设计深度规定要求的施工设计图纸及说明、各专业的各种详图等。

2　建筑、结构、设备、电气各专业负责人应对施工设计图纸及说明向经济专业进行交底，以使经济文件与施工图设计的图纸和说明相互呼应，使经济文件能准确反映施工图设计的范围、规模、标准。

3　当施工图设计中有需要专业设计方或材料（设备）供应方配合设计时，设计总负责人或相关专业负责人应及时与经济专业负责人联系，以便经济专业能咨询到比较准确的价格；当施工图设计有重大变化时更应及时与经济专业联系，要求其重新编制预算。

4　经济专业应将施工图预算的初稿征询各专业的意见，并对所提出的意见进行分析、修改，将修改稿向项目经理或设计总负责人汇报，最终将确定的经济文件提交给项目经理或设计总负责人。

4.2　编制内容

4.2.1　编制说明

1　编写内容

1）工程项目的概况；

2）编制依据；

3）编制方法；

4）编制范围；

5）主要技术经济指标分析；

6）其他必要的说明。

2 具体要求：

1）工程项目的概况：主要编写项目名称、建设地点、建设性质（新建、扩建或改建）、结构形式、檐高、层数、建筑规模等；

注：当工程项目是群体建筑时，应按单项工程的具体情况进行描述。

2）编制依据：应根据本篇的第4.1.2条第4款，同时结合施工图设计的具体情况进行编写；

3）编制方法：建筑安装工程（含机电设备安装工程）的预算是按政府有关主管部门颁布的预算定额、市场信息价和取费标准等文件，根据施工图纸和说明等按定额的计算规则计算分部分项工程量进行编制的；

4）编制范围：应与BIAD所承担的施工图设计的范围一致；

5）主要技术经济指标分析：通常情况下，对于单体建筑的施工图设计项目，要列出单方预算造价指标、各单位工程的单方预算造价指标；对于群体建筑的施工图设计项目，要分各子项列出单方预算造价指标和各子项中的各单位工程的单方预算造价指标，以及各子项的综合预算造价占建设项目预算造价的百分比和各个单位工程的预算造价占各子项的综合预算造价的百分比；人工工日数；人工费、材料费、机械费占所对应的单位工程预算造价、子项的综合预算造价、建设项目预算造价的比例。单位规模的造价分析，对设计和造价控制方面的建议和措施；

6）其他必要说明的问题：当预算超过批准的概算时，应着重对其超出的原因进行分析，与该项目批准的概算进行对比分析，对超出的合理性进行说明，为避免其继续超出，提出有针对性的控制措施。当预算编制遇到限额设计、总承包、涉外工程等问题时，应依据相关文件和规定进行编写。

4.2.2 单位工程预算书

1 单位工程预算书是计算一个独立建筑物或构筑物（即单项工程）中每个专业工程所需工程费用的文件。建筑、安装工程费根据施工图设计，预算定额规定的项目划分及工程量计算规则计算工程量，并按编制时期的人工、材料，机械台班预算价格和取费标准进行计算。设备购置费按各专业设备表所列出的设备型号、规格、数量（应按图核对）和编制时期的设备预算价格进行计算。

2 其内容主要包括：单位工程预算书和取费表。

3 其类别主要有：

1）建筑工程预算书：含地下降水、护坡、地基处理、结构工程、钢结构、粗装修工程、精装修工程、室外土建及装修工程、构筑物工程。

2）设备及安装工程预算书：含设备专业的采暖、给排水、中水、消防、喷洒、通风空调、雨水、燃气、热力、锅炉等，电气专业的变配电、动力、照明、弱电、电梯等。

3）绿化、景观等单位工程预算书。

4 预算单价由施工图设计的项目所在地的政府有关主管部门颁布的执行年度的预算定额和编制期人工、材料、机械、设备的市场价组成。

4.2.3 人工、材料、机械、设备的市场价表

与本篇的第3.2.5条相同。

4.2.4 单项工程综合预算书

1 单项工程综合预算书是计算一个单项工程（独立建筑物或构筑物）所需建设费用的综合性文件，由单项工程内各个专业的单位工程预算书汇总编制而成。

2 其内容应包括：编制说明、汇总表、各单位工程预算书和取费表。

3 编制说明的编写深度要求详见本篇的第4.2.1条。

4 汇总表是将单项工程内各个专业的单位工程预算进行汇总的专用表格。其内容应包括表头、项目名称、页号、序号、单位工程名称、建筑面积、单方造价、单位工程造价合计、单项工程预算的汇总合计。

5 单位工程预算书和取费表编制内容和深度要求详见本篇的第4.2.2条。

4.2.5 总预算书

1 总预算书应包括：封面、签署页（扉页）和目录、编制说明、总预算表、工程建设其他费用预算表、各单项工程综合预算书、各单位工程预算书、人工、材料、机械、设备的市场价表；

2 编制说明应在单项工程预算编制说明的基础上对项目的总体加以说明，如主要工程项目所占的比例、辅助和服务性的工程项目所占的比例、红线内的室外工程所占的比例、其他费用所占的比例，其他费用中有无建设方提供的数据等问题；

3 总预算表的内容主要包括：工程费用、其他费用、预备费（含基本预备费、涨价预备费）、固定资产投资方向调节税、建设期内的贷款利息、铺底流动资金；

4 工程建设其他费用预算表应是按工程所在地的政府有关主管部门的规定而计算出的其他费用的汇总，其具体内容应按工程所在地的政府有关主管部门的规定列出，应分项计算并列出文件号、文件名称和发文单位名称；

5 各单项工程综合预算书的编制内容和深度要求详见本篇的第4.2.4条；

6 各单位工程预算书的编制内容和深度要求详见本篇的第4.2.2条；

7 人工、材料、机械、设备的市场价表的编制内容和深度要求详见本篇的第4.2.3条。